土木建筑大类专业系列新形态教材

工程造价管理

李 静 李 萍 ▣主 编
王 茜 李 婷 ▣副主编

U0386788

清华大学出版社
北京

内 容 简 介

本书针对高职高专院校的特点,结合培养专业技能人才的要求,在各个项目中设置了学习目标、学习内容、项目背景、项目小结等模块。其中,学习内容模块通过思维导图全面梳理知识点,内容精练、重点突出;项目背景模块结合实际案例引入学习内容,明确任务。本书主要内容包括:绪论(工程造价的含义、建设工程造价的构成、建设项目计价方法与计价依据等内容)、决策阶段工程造价管理、设计阶段工程造价管理、招投标阶段工程造价管理、施工阶段工程造价管理及竣工阶段工程造价管理等,同时配有部分造价工程师职业资格案例解析。全书条理清楚,项目设置循序渐进、图文并茂,并配有微课,读者可以扫码进行观看。

本书可作为工程造价、工程管理等专业的造价控制及管理类课程的教材,也可作为造价工程师等职业资格考试的培训教材。

图书在版编目(CIP)数据

工程造价管理/李静,李萍主编.—北京:清华大学出版社,2022.8 (2025.1重印)
土木建筑大类专业系列新形态教材
ISBN 978-7-302-61170-7

Ⅰ.①工… Ⅱ.①李… ②李… Ⅲ.①建筑造价管理-高等学校-教材 Ⅳ.①TU723.31

中国版本图书馆 CIP 数据核字(2022)第 110444 号

责任编辑:杜 晓
封面设计:曹 来
责任校对:袁 芳
责任印制:曹婉颖

出版发行:清华大学出版社
  网 址:https://www.tup.com.cn,https://www.wqxuetang.com
  地 址:北京清华大学学研大厦 A 座   邮 编:100084
  社 总 机:010-83470000   邮 购:010-62786544
  投稿与读者服务:010-62776969,c-service@tup.tsinghua.edu.cn
  质量反馈:010-62772015,zhiliang@tup.tsinghua.edu.cn
  课件下载:https://www.tup.com.cn,010-83470410
印 装 者:三河市龙大印装有限公司
经 销:全国新华书店
开 本:185mm×260mm   印 张:12.25   字 数:292 千字
版 次:2022 年 10 月第 1 版   印 次:2025 年 1 月第 3 次印刷
定 价:49.00 元

产品编号:097691-01

前　言

　　为了进一步适应高等职业教育的发展需要,编者结合工程造价、建设工程管理等专业的培养目标,对接造价工程师等岗位的职业素养和职业能力需求,本着理论够用、技能操作实用的原则编写了本书。

　　全书按照建设项目全过程造价管理的程序进行编写,其中绪论部分包括工程造价的含义、建设工程造价的构成、建设项目计价方法与计价依据等内容,建设项目全过程造价管理包括决策阶段工程造价管理、设计阶段工程造价管理、招投标阶段工程造价管理、施工阶段工程造价管理及竣工阶段工程造价管理等。各个项目中均设置了学习目标、学习内容、项目背景、项目小结等模块,在学习内容模块使用思维导图全面梳理了各项目的知识点,内容精练、重点突出,并配有微课,读者可以扫码进行观看。

　　本书具有以下特色。

　　(1) 采用新规范,时效性强。编者将我国建筑领域出台的政策、法规等融入书中,比如:"营改增"、《建设工程施工合同(示范文本)》(GF—2017—0201)、《建设项目全过程造价咨询规程》(CECA/GC 4—2017)等国家政策,解读 2018 年 1 月 1 日起实施的《中华人民共和国环境保护税法》中"环境保护税"的政策,反映了工程造价行业的新动态和新方向。

　　(2) 引入职业标准,对接岗位需求。为了紧密对接职业资格和岗位技能,本书编写组还研究了近年来造价工程师职业资格考试大纲,并合理选取了历年造价工程师职业资格考试案例和合作企业的真实案例,在各项目中渗透了造价工程师的素质、知识和技能要求。

　　(3) 挖掘思政元素,立德树人。本书把造价工程师应具备的廉洁自律、诚实守信、敬业奉献、公平公正等职业素养融入各项目中,通过"阴阳合同"等反面案例警示读者。同时,还梳理了我国历史上的"造价管理""定额"等知识,树立文化自信。此外,还解读了环境保护税、安全文明施工费等政策,体现了国家高质量可持续发展的理念等。

　　本书为江苏城乡建设职业学院工程造价省级高水平专业群立项建设项目(项目编号:ZJQT21002303)、安徽建筑大学教学质量工程项目(项目编号:2021SZKC18)。本书由江苏城乡建设职业学院李静、安徽建筑大学李萍任主编,江苏城乡建设职业学院王茜、李婷任副主编。常州工程职业技术学院肖凯成对本书进行了审核,并提出了很多宝贵意见。

　　本书在编写过程中参考了众多的文献与资料,在此对所有参考文献的作者和同行表示感谢。由于编者水平有限,书中难免存在不足和疏漏之处,恳请各位读者批评、指正。

编　者

2022 年 3 月

微课:案例及
习题答案

目 录

绪　论

学习目标

思 政 目 标	知 识 目 标	技 能 目 标
结合工程造价发展历程,以及我国目前"国家宏观调控、市场竞争形成价格"的造价原则,引导学生关注中华民族传统文化,认识中国特色社会主义制度优势;造价员的职业道德、规范意识等	1. 能描述工程造价的含义及特点; 2. 能描述建设项目总投资的构成; 3. 准确描述定额的概念及分类	1. 能进行建设项目总投资的计算(包括设备及工、器具购置费、工程建设其他费、预备费、建设期贷款利息等); 2. 能根据工程造价计价的依据,确定人、材、机的消耗量及单价

学习内容

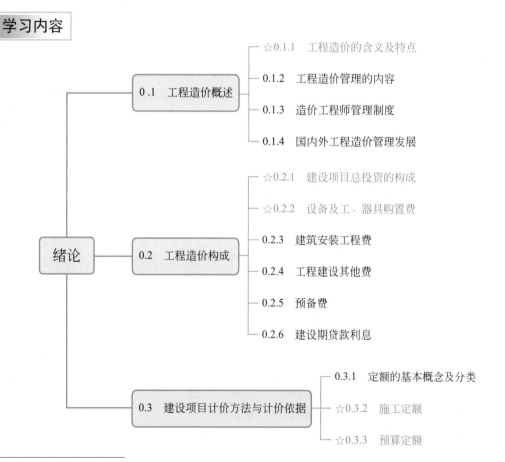

注:"☆"代表此内容为重点内容,全书同。

项目背景

中华民族是人类对工程项目的造价认识较早的民族之一。历史上,许多朝代的官府都大兴土木,这使得历代工匠积累了丰富的建筑施工和管理方面的经验,再经过官员的归纳、整理,逐步形成了工程项目施工管理与造价管理的理论和方法的初始形态。

据我国春秋战国时期的科学技术名著《考工记》"匠人为沟洫"一节的记载,早在2000多年前,我们中华民族的先人就已经规定:凡修筑沟渠堤防,一定要先以匠人一天修筑的进度为参照,再以一里工程所需的匠人数和天数来预算这个工程的劳力,然后方可调配人力进行施工。这是人类较早的工程造价与工程施工控制和工程造价控制方法的文字记录之一。

0.1 工程造价概述

微课:工程
造价的含义

0.1.1 工程造价的含义及特点

1. 工程造价的含义

工程造价是指某建设项目(工程)的建造价格,本质上属于价格范畴,从不同角度理解,工程造价有广义和狭义之分。

广义上,从投资者(业主)的角度定义,是指建设项目按基本建设程序展开一系列活动所需预期开支或实际开支的全部固定资产投资费用,预期开支包括估算、概算、预算,实际开支包括结算、决算。一个项目的全部固定资产投资费用包括其固定资产、无形资产、流动资产、递延资产和其他资产所需的一次性费用的总和。

狭义上,从市场经济的角度定义,是指建设项目的承发包价格,即工程价格,是指为建成一项工程,预计或实际在建设各阶段(土地市场、设备市场、技术市场以及有形建筑市场等)交易活动中所形成的工程承包合同价。

工程造价两种含义的区别主要在于需求主体和供给主体,两方在市场中追求的经济利益不同。从管理性质来看,前者属于投资管理范畴,后者属于价格管理范畴;从管理目标来看,投资者追求的是决策的正确性,即较低的投资费用,而承包商关注的是合理甚至较高的工程造价。因此,不同的管理目标,反映了他们不同的经济效益。

2. 工程造价的特点

1)大额性

能够发挥投资效用的任何一项建设项目,不仅实物形体庞大,而且造价高昂,动辄数百万元、千万元、亿元、十几亿元,特大型工程项目的造价可达百亿元、千亿元。工程造价的大额性使其关系到有关各方的重大经济利益,也会对宏观经济产生重大影响。这就决定了工程造价的特殊地位,也说明了工程造价管理的重要意义。

2)个别性、差异性

任何一项工程均有特定的用途、功能和规模,每项工程所处的地区、地段都不相同,从而导致工程的实物形态和建设内容存在差异,这就决定了工程造价的个别性、差异性。

3）动态性

一项工程从决策、施工到竣工都有一个较长的建设期,在建设期内存在许多影响工程造价的动态因素,如工程变更、设备材料价格变化、工资标准以及费率、利率、汇率等的变化。因此,工程造价在整个建设期处于动态变化中,直至竣工决算后,才能最终确定项目的实际造价。

4）层次性

工程造价的层次性取决于建设项目的层次性。一个建设项目往往含有多个单项工程,而一个单项工程又由多个单位工程(土建工程、安装工程等)组成。根据建设项目结构分解图(图0-1),工程造价就是由最下面的分项工程开始计算,再由分部工程、单位工程、单项工程逐级向上汇总而成,这就体现了工程造价的层次性。

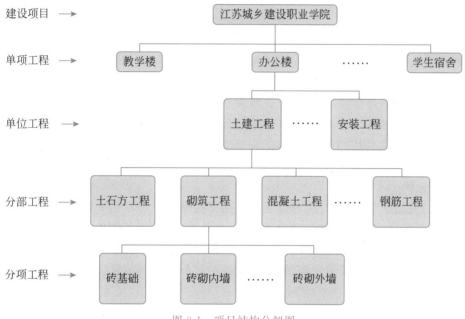

图 0-1　项目结构分解图

5）兼容性

工程造价的兼容性首先表现在它具有两种含义,其次表现在不同阶段不同方法确定的工程造价,其深度和作用不同,但都在其各自阶段起着控制造价的作用,具有很强的兼容性。

0.1.2　工程造价管理的内容

1. 工程造价管理的基本内涵

1）工程造价管理

工程造价管理是指综合运用管理学、经济学和工程技术等方面的知识与技能,对工程造价进行预测、计划、控制、核算、分析和评价等的过程。工程造价管理既涵盖宏观层次的工程建设投资管理,也涵盖微观层次的工程项目费用管理。

　　工程造价管理是工程项目管理的一个非常重要的方面,是项目管理科学中最主要的组成之一。工程造价管理是以工程项目或建设项目为对象,以工程项目的造价确定与造价控制为主要内容,涉及工程项目的技术与经济活动,以及工程项目的经营与管理工作的一个独特的工程管理领域。其目标就是按照经济规律的要求,根据社会主义市场经济的发展趋势,利用科学的管理方法和先进的管理手段,合理地确定造价和有效地控制造价,以提高投资效益和建筑安装企业的经营效益。

　　(1) 工程造价的宏观管理:是指政府部门根据社会经济发展需求,利用法律、经济和行政等手段规范市场主体的价格行为、监控工程造价的系统活动。

　　(2) 工程造价的微观管理:是指工程参建主体根据工程计价依据和市场价格信息等预测、计划、控制、核算工程造价的系统活动。

　　2) 建设工程全面造价管理

　　按照国际造价管理联合会(international cost engineering council,ICEC)给出的定义,全面造价管理(total cost management,TCM)是指有效地利用专业知识与技术对资源、成本、盈利和风险进行筹划和控制。建设工程全面造价管理包括全寿命期造价管理、全过程造价管理、全要素造价管理和全方位造价管理。

　　(1) 全寿命期造价管理:建设工程全寿命期造价是指建设工程初始建造成本和建成后的日常使用及拆除成本之和,包括策划决策、建设实施、运行维护及拆除回收等各阶段费用。由于在建设工程全寿命期的不同阶段,工程造价存在诸多不确定性,因此全寿命期造价管理主要是作为一种实现建设工程全寿命期造价最小化的指导思想,指导建设工程投资决策及实施方案的选择。

　　(2) 全过程造价管理:全过程造价管理是指覆盖建设工程策划决策及建设实施各阶段的造价管理,包括策划决策阶段的项目策划、投资估算、项目经济评价、项目融资方案分析;设计阶段的限额设计、方案比选、概预算编制;招投标阶段的标段划分、发承包模式及合同形式的选择、最高投标限价或标底编制;施工阶段的工程计量与结算、工程变更控制、索赔管理;竣工验收阶段的结算与决算等。

　　(3) 全要素造价管理:影响建设工程造价的因素有很多。为此,控制建设工程造价,不仅是控制建设工程本身的建造成本,还应同时考虑工期成本、质量成本、安全与环保成本,从而实现工程成本、工期、质量、安全、环保的集成管理。全要素造价管理的核心是按照优先性原则,协调和平衡工期、质量、安全、环保与成本之间的对立统一关系。

　　(4) 全方位造价管理:建设工程造价管理不仅是建设单位或承包单位的任务,还应是政府建设主管部门、行业协会、建设单位、设计单位、施工单位以及有关咨询机构的共同任务。尽管各方的地位、利益、角度等有所不同,但必须建立完善的协同工作机制,才能实现对建设工程造价的有效控制。

　　2. 工程造价管理的组织系统

　　工程造价管理的组织系统是指履行工程造价管理职能的有机群体。为实现工程造价管理目标而开展有效的组织活动,我国设置了多部门、多层次的工程造价管理机构,并规定了各自的管理权限和职责范围。

　　1) 政府行政管理系统

　　政府在工程造价管理中既是宏观管理主体,也是政府投资项目的微观管理主体。从宏观管理的角度,政府对工程造价管理有严密的组织系统,设置了多层管理机构,规定了管理权限和职责范围。我国现行工程造价管理的政府组织机构如图 0-2 所示。

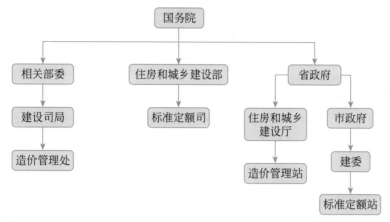

图 0-2　我国现行工程造价管理的政府组织机构

(1) 国务院建设主管部门造价管理机构:主要职责是组织制定工程造价管理有关法规、制度,并组织贯彻实施;组织制定全国统一经济定额和制定、修订本部门经济定额;监督指导全国统一经济定额和本部门经济定额的实施;制定全国工程造价管理专业人员职业资格准入标准,并监督执行。

(2) 国务院其他部门的工程造价管理机构:包括水利、水电、水运、电力、石油、石化、机械、冶金、铁路、煤炭、建材、林业、有色金属、核工业、公路等行业和军队的造价管理机构。主要是修订、编制和解释相应的工程建设标准定额,有的还担负本行业大型或重点建设项目的概算审批、概算调整等职责。

(3) 省、自治区、直辖市工程造价管理部门:主要职责是修编、解释当地定额,制定收费标准和计价制度等。此外,还有开展工程造价审查(核)、提供造价信息、处理合同纠纷等职责。

　2) 企事业单位管理系统

企事业单位的工程造价管理属于微观管理范畴。设计单位、工程造价咨询单位等按照建设单位或委托方意图,在可行性研究和规划设计阶段合理确定和有效控制建设工程造价,通过限额设计等手段实现设定的造价管理目标;在招投标阶段编制招标文件、最高投标限价或标底,参加评标、合同谈判等工作;在施工阶段通过工程计量与支付、工程变更与索赔管理等控制工程造价。设计单位、工程造价咨询单位通过工程造价管理业绩,赢得声誉,提高市场竞争力。

工程承包单位的造价管理是企业自身管理的重要内容。工程承包单位设有专门的职能机构参与企业投标决策,并通过市场调查研究,利用过去积累的经验,研究报价策略,提出报价;在施工过程中,进行工程造价的动态管理,注意各种调价因素的发生,及时进行工程价款结算,避免收益的流失,以促进企业盈利目标的实现。

　3) 行业协会管理系统

中国建设工程造价管理协会是经建设部和民政部批准成立、代表我国建设工程造价管理的全国性行业协会,是亚太区测量师协会(PAQS)和国际造价管理联合会(CEC)等相关国际组织的正式成员。

为了增强对各地工程造价咨询工作和造价工程师的行业管理,近年来,我国先后成立了各省、自治区、直辖市所属的地方工程造价管理协会。全国性造价管理协会与地方工程造价管理协会是平等、协商、相互支持的关系,地方协会接受全国性协会的业务指导,共同促进全国工程造价行业管理水平的整体提升。

3. 工程造价管理的主要内容及原则

1) 工程造价管理的主要内容

在工程建设全过程各个不同阶段,工程造价管理有不同的工作内容,其目的是在优化建设方案、设计方案、施工方案的基础上,有效控制建设工程项目的实际费用。我国现阶段造价管理模式见表0-1。

表 0-1　我国现阶段造价管理模式

工程建设阶段		造价管理内容	计 算 依 据
决策阶段	项目建议书,项目可行性研究及编制设计任务书	编制投资估算	投资估算指标、类似工程造价资料、现行材料设备价格
设计阶段	初步设计	编制设计总概算	初步设计图纸、有关概算定额或指标
	技术设计	编制修正概算	技术设计方案
	详细设计（施工图设计）	编制施工图预算	根据施工图计算工程量,相关预算定额及取费依据
招投标阶段	招投标	根据工程量清单,确定合同价	施工图预算
施工阶段	合同实施	控制造价,进行结算	依据施工图预算进行控制,依据合同规定的调整范围及调价方法对合同进行修正,进行结算
竣工阶段	竣工验收	竣工决算	依据竣工结算等资料进行

(1) 决策阶段:按照有关规定编制和审核投资估算,经有关部门批准,即可作为拟建工程项目的控制造价;基于不同的投资方案进行经济评价,作为工程项目决策的重要依据。

(2) 设计阶段:在限额设计、优化设计方案的基础上,编制和审核设计概算、施工图预算。对于政府投资工程而言,经有关部门批准的设计概算将作为拟建工程项目造价的最高限额。

(3) 招投标阶段:进行招标策划,编制和审核工程量清单、最高投标限价或标底,确定投标报价及其策略,直至确定承包合同价。

(4) 施工阶段:进行工程计量及工程款支付管理,实施工程费用动态监控,处理工程变更和索赔。

(5) 竣工阶段:编制和审核工程结算、编制竣工决算,处理工程保修费用等。

2) 工程造价管理的基本原则

工程造价控制的基本原理如下:在项目建设过程中,首先确定工程造价控制目标,制订工程费用支出计划,并付诸实施。在计划执行过程中,对其进行跟踪检查,收集有关反映费用支出的数据,将实际费用支出额与计划费用支出额进行比较,通过比较发现偏差,然后分析偏差产生的原因,并采取有效措施加以控制,以保证造价控制目标的实现,如图 0-3 所示。

图 0-3 工程造价控制的基本原理

实施有效的工程造价管理,应遵循以下三项原则。

(1) 以设计阶段为重点的全过程造价管理:工程造价管理贯穿于工程建设全过程的同时,应注重工程设计阶段的造价管理。工程造价管理的关键在于前期决策和设计阶段,而在项目投资决策后,控制工程造价的关键就在于设计阶段。建设工程全寿命期费用包括工程造价和工程交付使用后的日常开支(含经营费用、日常维护修理费用、使用期内大修理和局部更新费用),以及该工程使用期满后的报废拆除费用等。

长期以来,我国往往将控制工程造价的主要精力放在施工阶段——审核施工图预算、结算建筑安装工程价款,对工程项目策划决策和设计阶段的造价控制重视不够。为有效地控制工程造价,应将工程造价管理的重点转到工程项目策划决策和设计阶段。

(2) 主动控制与被动控制相结合:长期以来,人们一直把控制理解为目标值与实际值的比较,以及当实际值偏离目标值时,分析其产生偏差的原因,并确定下一步对策。但这种立足于"调查—分析—决策"基础之上的"偏离—纠偏—再偏离—再纠偏"的控制是一种被动控制,这样做只能发现偏离,不能预防可能发生的偏离。为尽量减少甚至避免目标值与实际值的偏离,还必须立足于事先主动采取控制措施,实施主动控制。也就是说,工程造价控制不仅要反映投资决策,反映设计、发包和施工,被动地控制工程造价,更要主动地影响投资决策,影响工程设计、发包和施工,主动地控制工程造价,如图 0-4 所示。

(3) 技术与经济相结合,从组织、技术、经济等多方面采取措施有效地控制工程造价:从组织上采取措施,包括明确项目组织结构,明确造价控制人员及其任务,明确管理职能分工;从技术上采取措施,包括重视设计多方案选择,严

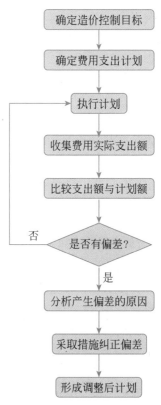

图 0-4 主动控制的动态示意图

格审查初步设计、技术设计、施工图设计、施工组织设计,深入研究节约投资的可能性;从经济上采取措施,包括动态比较造价的计划值与实际值,严格审核各项费用支出,采取对节约投资的奖励措施等。

技术与经济相结合是控制工程造价最有效的手段。通过技术比较、经济分析和效果评价,正确处理技术先进与经济合理之间的对立统一关系,力求在技术先进条件下的经济合理、在经济合理基础上的技术先进,将控制工程造价观念渗透到各项设计和施工技术措施之中。

0.1.3 造价工程师的管理制度

1. 造价工程师素质要求和职业道德

造价工程师是指通过职业资格考试取得中华人民共和国造价工程师职业资格证书,并经注册后从事建设工程造价工作的专业技术人员。根据《造价工程师职业资格制度规定》,国家设置造价工程师准入类职业资格,纳入国家职业资格目录。工程造价咨询企业应配备造价工程师,工程建设活动中有关工程造价管理岗位需要配备造价工程师。造价工程师分为一级造价工程师和二级造价工程师。

拓展延伸

造价工程师的素质要求

造价工程师的职责关系到国家和社会公众利益,对其专业和身体素质的要求包括以下几个方面。

(1) 造价工程师是复合型专业管理人才。作为工程造价管理者,造价工程师应是具备工程、经济和管理知识与实践经验的高素质复合型专业人才。

(2) 造价工程师应具备业务技术能力。业务技术能力是指能应用知识、方法、技术及设备来完成特定任务的能力。

(3) 造价工程师应具备沟通协调能力。沟通协调能力是指与人共事、打交道的能力。造价工程师应具有高度的责任心和协作精神,善于与业务工作有关的各方人员沟通、协作,共同完成工程造价管理工作。

(4) 造价工程师应具备组织管理能力。造价工程师应能了解整个组织及自己在组织中的角色,并具有一定的组织管理能力,面对机遇和挑战,能够积极进取、勇于开拓。

(5) 造价工程师应具有健康体魄。健康的心理和较好的身体素质是造价工程师适应紧张、繁忙工作的基础。

拓展延伸

造价工程师的职业道德

造价工程师的职业道德又称职业操守,通常是指在职业活动中所遵守的行为规范的总称,是专业人士必须遵从的道德标准和行业规范。

为提高造价工程师的整体素质和职业道德水准,维护和提高工程造价咨询行业的良好信誉,促进行业健康续发展,中国建设工程造价管理协会制定和颁布了《造价工程师职业道德行为准则》,具体要求如下。

    （1）遵守国家法律、法规和政策，执行行业自律性规定，珍惜职业声誉，自觉维护国家和社会公共利益。

    （2）遵守"诚信、公正、敬业、进取"的原则，以高质量的服务和优秀的业绩，赢得社会和客户对造价工程师职业的尊重。

    （3）勤奋工作，独立、客观、公正、正确地出具工程造价成果文件，使客户满意。

    （4）诚实守信，尽职尽责，不得有欺诈、伪造、作假等行为。

    （5）尊重同行，公平竞争，搞好同行之间的关系，不得采取不正当的手段损害、侵犯同行的权益。

    （6）廉洁自律，不得索取、收受委托合同约定以外的礼金和其他财物，不得利用职务之便谋取其他不正当的利益。

    （7）当造价工程师与委托方有利害关系时，应当主动回避，同时，委托方也有权要求其回避。

    （8）对客户的技术和商务秘密负有保守义务。

    （9）接受国家和行业自律组织对其职业道德行为的监督检查。

拓展延伸

你从这两个案例中得到什么启示？

    案例 1：私自揽"活"的"放水"造价工程师这回尝到了苦头，因受贿 76500 元而被判 5 年。

    案例 2："南昌一造价师出卖标底捞了 17 万元，一审被判 11 年"。

案例 1   案例 2

2. 工程造价工程师职业资格考试、注册和执业

为了加强工程造价管理专业人员的执业准入管理，确保工程造价管理工作质量，维护国家和社会公共利益，国家人事部、建设部在 1996 年联合发布了《造价工程师执业资格制度暂行规定》，确立了造价工程师职业资格制度。凡从事工程建设活动的建设、设计、施工、工程造价咨询、工程造价管理等单位和部门，必须在计价、评估、审查（核）、控制及管理等岗位配备有造价工程师职业资格的专业技术管理人员。

《注册造价工程师管理办法》《造价工程师继续教育实施办法》《造价工程师职业道德行为准则》等文件的陆续颁布与实施，确立了我国造价工程师职业资格制度体系框架。2018 年 7 月，《造价工程师职业资格制度规定》和《造价工程师职业资格考试实施办法》的发布实施，进一步完善了造价工程师职业资格制度。我国造价工程师职业资格制度如图 0-5 所示。

1）职业资格考试

一级造价工程师职业资格考试全国统一大纲、统一命题、统一组织。从 1997 年试点考试至今，每年均举行一次全国造价工程师执业资格考试（除 1999 年停考外）。自 2018 年起设立二级造价工程师。二级造价工程师职业资格考试全国统一大纲，各省、自治区、直辖市自主命题并组织实施。

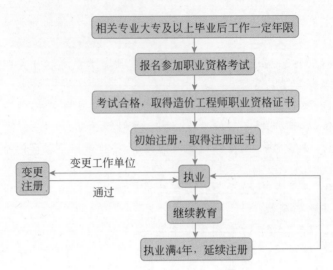

图 0-5　造价工程师职业资格制度

（1）报考条件如下。

① 一级造价工程师报考条件。凡遵守中华人民共和国宪法、法律、法规，具有良好的业务素质和道德品行，具备下列条件之一者，可以申请参加一级造价工程师职业资格考试：

- 具有工程造价专业大学专科（或高等职业教育）学历，从事工程造价业务工作满5年；具有土木建筑、水利、装备制造、交通运输、电子信息、财经商贸大类大学专科（或高等职业教育）学历，从事工程造价业务工作满6年。
- 具有通过工程教育专业评估（认证）的工程管理、工程造价专业大学本科学历或学位，从事工程造价业务工作满4年；具有工学、管理学、经济学门类大学本科学历或学位，从事工程造价业务工作满5年。
- 具有工学、管理学、经济学门类硕士学位或者第二学士学位，从事工程造价业务工作满3年。
- 具有工学、管理学、经济学门类博士学位，从事工程造价业务工作满1年。
- 具有其他专业相应学历或者学位的人员，从事工程造价业务工作年限相应增加1年。

② 二级造价工程师报考条件。凡遵守中华人民共和国宪法、法律、法规，具有良好的业务素质和道德品行，具备下列条件之一者，可以申请参加二级造价工程师职业资格考试：

- 具有工程造价专业大学专科（或高等职业教育）学历，从事工程造价业务工作满2年；具有土木建筑、水利、装备制造、交通运输、电子信息、财经商贸大类大学专科（或高等职业教育）学历，从事工程造价业务工作满3年。
- 具有工程管理、工程造价专业大学本科及以上学历或学位，从事工程造价业务工作满1年；具有工学、管理学、经济学门类大学本科及以上学历或学位，从事工程造价业务工作满2年。
- 具有其他专业相应学历或者学位的人员，从事工程造价业务工作年限相应增加1年。

（2）造价工程师职业资格考试设基础科目和专业科目。

一级造价工程师职业资格考试设4个科目，包括"建设工程造价管理""建设工程计价"

"建设工程技术与计量"和"建设工程造价案例分析"。其中，"建设工程造价管理"和"建设工程计价"为基础科目，"建设工程技术与计量"和"建设工程造价案例分析"为专业科目。

二级造价工程师职业资格考试设 2 个科目，包括"建设工程造价管理基础知识"和"建设工程计量与计价实务"。其中，"建设工程造价管理基础知识"为基础科目，"建设工程计量与计价实务"为专业科目。

造价工程师职业资格考试专业科目分为 4 个专业类别，即土木建筑工程、交通运输工程、水利工程和安装工程，考生在报名时，可根据实际工作需要选择其一。

（3）职业资格证书说明如下。

一级造价工程师职业资格考试合格者，由各省、自治区、直辖市人力资源社会保障行政主管部门颁发中华人民共和国一级造价工程师职业资格证书，该证书全国范围内有效。

二级造价工程师职业资格考试合格者，由各省、自治区、直辖市人力资源社会保障行政主管部门颁发中华人民共和国二级造价工程师职业资格证书，该证书原则上在所在行政区域内有效。

2）注册

国家对造价工程师职业资格实行执业注册管理制度。取得造价工程师职业资格证书，且从事工程造价相关工作的人员，经注册方可以造价工程师名义执业。

住房和城乡建设部、交通运输部、水利部分别负责一级造价工程师的注册及相关工作。各省、自治区、直辖市住房城乡建设、交通运输、水利行政主管部门按专业类别分别负责二级造价工程师的注册及相关工作。

经批准注册的申请人，由住房和城乡建设部、交通运输部、水利部核发《中华人民共和国一级造价工程师注册证》（或电子证书）；或由各省、自治区、直辖市住房城乡建设、交通运输、水利行政主管部门核发《中华人民共和国二级造价工程师注册证》（或电子证书）。

造价工程师执业时，应持注册证书和执业印章。注册证书、执业印章样式以及注册证书编号规则由住房和城乡建设部会同交通运输部、水利部统一制定。执业印章由注册造价工程师按照统一规定自行制作。

3）执业

造价工程师在工作中，必须遵纪守法，恪守职业道德和从业规范，诚信执业，主动接受有关主管部门的监督检查，加强行业自律。造价工程师不得同时受聘于两个或两个以上单位执业，不得允许他人以本人名义执业，严禁"证书挂靠"。出租出借注册证书的，依据相关法律法规进行处罚；构成犯罪的，依法追究刑事责任。

（1）一级造价工程师的执业范围包括建设项目全过程的工程造价管理与咨询等，具体包括以下工作内容。

① 项目建议书、可行性研究投资估算与审核，项目评价造价分析。

② 建设工程设计概算、施工（图）预算的编制和审核。

③ 建设工程招标投标文件工程量和造价的编制与审核。

④ 建设工程合同价款、结算价款、竣工决算价款的编制与管理。

⑤ 建设工程审计、仲裁、诉讼、保险中的造价鉴定，工程造价纠纷调解。

⑥ 建设工程计价依据、造价指标的编制与管理。

⑦ 与工程造价管理有关的其他事项。

（2）二级造价工程师主要协助一级造价工程师开展相关工作，可独立开展以下具体工作。

① 建设工程工料分析、计划、组织与成本管理，施工图预算、设计概算的编制。

② 建设工程量清单、最高投标限价、投标报价的编制。

③ 建设工程合同价款、结算价款和竣工决算价款的编制。

造价工程师应在本人工程造价咨询成果文件上签章，并承担相应责任。工程造价咨询成果文件应由一级造价工程师审核并加盖执业印章。

0.1.4　国内外工程造价管理发展

1. 我国工程造价管理发展

中华人民共和国成立后，参照苏联的工程建设管理经验，我国逐步建立了一套与计划经济体制相适应的定额管理体系，并陆续颁布了多项规章制度和定额，在国民经济的复苏与发展中起到了十分重要的作用。改革开放以来，我国工程造价管理进入黄金发展期，工程计价依据和方法不断改革，工程造价管理体系不断完善，工程造价咨询行业得到快速发展。近年来，我国工程造价管理呈现出国际化、信息化、专业化和市场化的发展趋势。

1）工程造价管理国际化

随着我国经济日益融入全球资本市场，在我国的外资和跨国工程项目不断增多，这些工程项目大都需要通过国际招标、咨询等方式运作。同时，我国政府和企业在海外投资和经营的工程项目也在不断增加。"一带一路"倡议的实施、国内市场国际化、国内外市场的全面融合，使得我国工程造价管理的国际化成为一种趋势。境外工程造价咨询机构在长期的市场竞争中已形成自己独特的核心竞争力，在资本、技术、管理、人才、服务等方面均占有一定优势。面对日益严峻的市场竞争，我国工造价咨询企业应以市场为导向，转换经营模式，增强应变能力，在竞争中求生存，在拼搏中求发展，在未来激烈的市场竞争中取得主动。

2）工程造价管理信息化

我国工程造价管理信息化是从 20 世纪 80 年代末期伴随着定额管理推广应用工程造价管理软件开始的。进入 20 世纪 90 年代中期，随着计算机和互联网技术的普及，全国性的工程造价管理信息化已成必然趋势。近年来，尽管全国各地及各专业工程造价管理机构建立了工程造价信息平台，工程造价咨询企业也大多拥有专业的计算机系统和工程造价软件，但仍停留在工程量计算、汇总及工程造价的初步统计分析阶段。从整个工程造价行业来看，还未成立统一规划、统一编码的工程造价信息资源共享平台；从工程造价咨询企业层面看，工程造价管理的数据库、知识库尚未建立和完善。目前，发达国家和地区的工程管理已大量运用计算机网络和信息技术，实现工程造价管理的网络化、虚拟化。特别是建筑信息建模（building information model，BIM）技术、大数据、物联网、人工智能等新兴信息技术的推广应用，必将推动工程造价管理向信息化、数字化发展。

3）工程造价管理专业化

经过长期的市场细分和行业分化，未来工程造价咨询企业应向更加适合自身特长的专业化方向发展。作为服务型的第三产业组成部分，工程造价咨询企业应避免都走"大而全"的规模化道路，大部分企业应朝着集约化和专业化方向发展。企业实施专业化发展的优越性在于经验较为丰富，人员精干，服务更加专业，更有利于保证工程造价咨询质量,防范专业风险能力较强。在企业专业化的同时,对于日益复杂、涉及专业较多的工程项目而言,势必引发和增强企业之间,尤其是具有不同专长的企业之间的强强联手和相互配合。同时,不同企业之间的优势互补、相互合作,也将给目前大多数公司制工程造价咨询企业在经营模式方面带来转变,即企业将进一步朝着合伙制的经营模式自我完善和发展。鼓励及加速实现我国工程造价咨询企业合伙制经营,是提高企业竞争力的有效手段,也是我国工程造价咨询企业未来发展的主要组织模式。合伙制企业因对其组织方面具有强有力的风险约束性,能够促使其不断强化风险意识,提高咨询质量,保持较高的职业道德水平。正因如此,在完善工程保险制度下的合伙制也是发达国家和地区工程造价咨询企业所采用的典型组织模式。

4) 工程造价管理市场化

为贯彻落实党的十八届三中全会文件精神,发挥市场在资源配置中的决定性作用,住房和城乡建设部于 2014 年发布了进一步推进工程造价管理改革的指导意见,提出要健全市场决定工程造价制度,为"企业自主报价、竞争形成价格"提供制度保障,同时提出要"以工程量清单为核心,构建科学合理的工程计价依据体系"。2020 年 7 月,《住房和城乡建设部办公厅关于印发工程造价改革工作方案的通知》(建办标〔2020〕38 号)再次明确,正确处理政府与市场的关系,通过改进工程计量和计价规则、完善工程计价依据发布机制、加强工程造价数据积累、强化建设单位造价管控责任、严格施工合同履约管理等措施,推行清单计量、市场询价、自主报价、竞争定价的工程计价方式,进一步完善工程造价市场形成机制。尽管上述内容属于住房城乡建设领域提出的改革思路,但也代表着我国整个建设领域工程造价管理的市场化发展方向。

2. 发达国家和地区工程造价管理

1) 代表性国家和地区的工程造价管理

当今,发达国家和地区工程造价管理有着几种主要模式,这些国家和地区主要包括英国、美国、日本,以及继承了英国模式,又结合自身特点而形成独特工程造价管理模式的国家和地区,如新加坡以及我国香港地区。

(1) 英国工程造价管理。

英国是世界上最早出现工程造价咨询行业并成立相关行业协会的国家。英国的工程造价管理至今已有近 400 年的历史。在世界近代工程造价管理的发展史上,作为早期世界强国的英国,由于其工程造价管理发展较早,且其联邦成员国和地区分布较广,时至今日,其工程造价管理模式在世界范围内仍具有较强的影响力。

英国工程造价咨询公司在英国被称为工料测量师行,成立的条件必须符合政府或相关行业协会的有关规定。目前,英国的行业协会主要负责管理工程造价专业人士、编制工程造价计量标准,发布相关造价信息及造价指标等工作。

在英国,政府投资工程和私人投资工程分别采用不同的工程造价管理方法,但这些工程项目通常都需要聘请专业造价咨询公司进行业务合作。其中,政府投资工程是由政府有关部门负责管理,包括计划、采购、建设咨询、实施和维护,对从工程项目立项到竣工各个环节的工程造价控制都较为严格,遵循政府统一发布的价格指数,通过市场竞争,形成工程造价。目前,英国政府投资工程占整个国家公共投资的 50% 左右,在工程造价业务方面要求必须委托给相应的工程造价咨询机构进行管理。英国建设主管部门的工作重点则是制定有关政策和法律,以全面规范工程造价咨询行为。

对于私人投资工程,政府通过相关的法律法规对此类工程项目的经营活动进行一定的规范和引导,只要在国家法律允许的范围内,政府一般不予干预。此外,社会上还有许多政府所属代理机构及社会团体组织,如英国皇家特许测量师学会(RICS)等协助政府部门进行行业管理,主要对咨询单位进行业务指导和管理从业人员。英国工程造价咨询行业的制度、规定和规范体系都较为完善。

英国工料测量师行经营的内容较为广泛,涉及建设工程全寿命期各个阶段,主要包括项目策划咨询、可行性研究、成本计划和控制、市场行情的趋势预测;招标投标活动及施工合同管理;建筑采购、招标文件编制;投标书分析与评价,标后谈判,合同文件准备;工程施工阶段成本控制,财务报表,洽商变更;竣工工程估价、决算、合同索赔保护;成本重新估计;对承包商破产或被并购后的应对措施;应急合同财务管理,后期物业管理等。

(2) 美国工程造价管理。

美国拥有世界最为发达的市场经济体系。美国的建筑业也十分发达,具有投资多元化和高度现代化、智能化的建筑技术与管理的广泛应用结合的行业特点。美国的工程造价管理建立在高度发达的自由竞争市场经济基础之上。

美国的建设工程也主要分为政府投资工程和私人投资工程两大类,其中,私人投资工程可占到整个建筑业投资总额的60%~70%。美国联邦政府没有主管建筑业的政府部门,因而也没有主管工程造价咨询业的专门政府部门,工程造价咨询业完全由行业协会管理。工程造价咨询业涉及多个行业协会,如美国土木工程师协会、总承包商协会、建筑标准协会、工程咨询业协会、国际造价管理联合会等。

美国工程造价管理具有以下特点。

① 完全市场化的工程造价管理模式。在没有全国统一的工程量计算规则和计价依据的情况下,一方面,由各级政府部门制定各自管辖的政府投资工程相应的计价标准;另一方面,承包商需根据自身积累的经验进行报价。同时,工程造价咨询公司依据自身积累的造价数据和市场信息,协助业主和承包人对工程项目提供全过程、全方位的管理与服务。

② 具有较完备的法律及信誉保障体系。美国工程造价管理是建立在相关的法律制度基础上的。例如,在建筑行业中对合同的管理十分严格,合同对当事人各方都具有严格的法律制约,即业主、承包商、分包商、提供咨询服务的第三方之间,都必须采用合同的方式开展业务,严格履行相应的权利和义务。

③ 具有较成熟的社会化管理体系。美国的工程造价咨询业主要依靠政府和行业协会的共同管理与监督,实行"小政府、大社会"的行业管理模式。美国的相关政府管理机构对整个行业的发展进行宏观调控,更多的具体管理工作主要依靠行业协会,由行业协会更多地承担对专业人员和法人团体的监督和管理职能。

④ 拥有现代化管理手段。当今的工程造价管理均需采用先进的计算机技术和现代化的网络信息技术。在美国,信息技术的广泛应用,不但大幅提高了工程项目参与各方之间的沟通、文件传递等的工作效率,也可及时、准确地提供市场信息,同时使工程造价咨询公司收集、整理和分析各种复杂、繁多的工程项目数据成为可能。

(3) 日本工程造价管理。

在日本,工程积算制度是工程造价管理所采用的主要模式。工程造价咨询行业由日本政府建设主管部门和日本建筑积算协会统一进行业务管理和行业指导。其中,政府建设主管部门负责制定发布工程造价政策、相关法律法规、管理办法,对工程造价咨询业的发展进行宏观调控。日本建筑积算协会作为全国工程咨询的主要行业协会,其主要的服务范围是推进工程造价管理的研究;工程量计算标准的编制、建筑成本等相关信息的收集、整理与发布;专业人员的业务培训及个人执业资格准入制度的制定与具体执行等。

工程造价咨询公司在日本被称为工程积算所,主要由建筑积算师组成。日本的工程积算所一般对委托方提供以工程造价管理为核心的全方位、全过程的工程咨询服务,其主要业务范围包括:工程项目的可行性研究、投资估算、工程量计算、单价调查、工程造价细算、标底价编制与审核、招标代理、合同谈判、变更成本积算、工程造价后期控制与评估等。

(4)我国香港地区工程造价管理。

我国香港地区工程造价管理模式是沿袭英国的做法,但在管理主体、具体计量规则的制定、工料测量事务所和专业人士的执业范围和深度等方面,都根据自身特点进行了适当调整,使之更适合我国香港地区工程造价管理的实际需要。

在香港,专业保险在工程造价管理中得到了很好的应用。一般情况下,由于工料测量师事务所受雇于业主,在收取一定比例咨询服务费的同时,要对工程造价控制负有较大责任。因此,工料测量师事务所在接受委托,特别是控制工期较长、难度较大的项目造价时,都需购买专业保险,以防工作失误时因对业主进行赔偿后而破产。可以说,专业保险的引入,一方面加强了工料测量师事务所防范风险和抵抗风险的能力,另一方面也为香港工程造价业务向国际市场开拓提供了有力保障。

从20世纪60年代开始,香港的工料测量师事务所已发展为可对工程建设全过程进行成本控制,并影响建筑设计事务所和承包商的专业服务类公司,在工程建设过程中扮演着越来越重要的角色。政府对工料测量师事务所合伙人有严格要求,要求公司的合伙人必须具有较高的专业知识和技能,并获得相关专业学会颁发的注册测量师执业资格,否则,领不到公共营业执照,无法开业经营。香港的工料测量师以自己的实力、专业知识、服务质量在社会上赢得声誉,以公正、中立的身份从事各种服务。

香港地区的专业学会是众多测量师事务所与专业人士之间相互联系和沟通的纽带。这种学会在保护行业利益和推行政府决策方面起着重要作用,同时,学会与政府之间也保持着密切联系。学会内部互相监督、互相协调、互通情报,强调职业道德和经营作风。学会对工程造价行业起着指导和间接管理的作用,甚至也充当工程造价纠纷仲裁机构,例如,当发承包双方不能相互协调,或对工料测量师事务所的计价有异议时,可以向学会提出仲裁申请。

2)发达国家和地区工程造价管理的特点

发达国家和地区的工程造价管理,其特点主要体现在以下几个方面。

(1)政府的间接调控:发达国家一般按投资来源不同,将项目划分为政府投资项目和私人投资项目。政府对不同类别的项目实行不同力度和深度的管理,重点是控制政府投资工程。发达国家对私人投资工程只进行政策引导和信息指导,而不干预其具体实施过程,体现政府对造价的宏观管理和间接调控。

(2)有章可循的计价依据:费用标准、工程量计算规则、经验数据等是发达国家和地区计算和控制工程造价的主要依据。

(3)多渠道的工程造价信息:发达国家和地区都十分重视对各方面造价信息的及时收

集、筛选、整理以及加工工作。这是因为造价信息是建筑产品估价和结算的重要依据,是建筑市场价格变化的指示灯。从某种角度讲,及时、准确地捕捉建筑市场格信息,是业主和承包商能否保持竞争优势和取得盈利的关键因素之一。

(4)造价工程师的动态估价:在英国,业主对工程的估价一般要委托工料测量师行来完成。工料测量师行的估价大体上是按比较法和系数法进行,经过长期的估价实践,他们都拥有极为丰富的工程造价实例资料,甚至建立了工程造价数据库,对于标书中所列出的每一项目价格的确定都有自己的标准。在估价时,工料测量师行将不同设计阶段提供的拟建工程项目资料与以往同类工程项目进行对比,结合当前建筑市场行情,确定项目单价。对于未能计算的项目(或没有对比对象的项目),则以其他建筑物的造价分析得来的资料进行补充。承包商在投标时的估价一般要凭自己的经验来完成,往往把投标工程划分为各分部工程,根据本企业定额计算出所需的人工、材料、机械等的耗用量,而人工单价主要根据各劳务分包商的报价,材料单价主要根据各材料供应商的报价加以比较确定,承包商根据建筑市场供求情况随行就市,自行确定管理费率,最后做出体现当时当地实际价格的工程报价。

(5)通用的合同文本:合同在工程造价管理中有着重要的地位,发达国家和地区都将严格按合同规定办事作为一项通用的准则来执行,并且有的国家还执行通用的合同文本。

(6)重视实施过程中的造价控制:发达国家和地区对工程造价的管理是以市场为中心的动态控制。造价工程师能对造价计划执行中所出现的问题及时分析研究,及时采取纠正措施,这种强调项目实施过程中的造价管理的做法,体现了造价控制的动态性,并且重视造价管理所具有的随环境、工作的进行以及价格等变化而调整造价控制标准和控制方法的动态特征。

0.2　工程造价构成

0.2.1　建设项目总投资的构成

工程造价的费用构成是指建设项目在建设全过程中所需花费的各类项目费用的分配和归集,类似于企业财务上会计科目的设立和划分。正确理解工程造价的费用构成是正确归集和分配生产费用的重要前提,也是准确计算工程造价的先决条件。由于建筑产品交易属于先订货、后生产的期货交易模式,承包单位必须按照政府规定或招标文件、合同规定的计价模式进行

微课:建设工程　　微课:建设工程
造价的构成1　　造价的构成2

计价、报价,才能准确计算工程造价,这保证了工程造价计算的合理有序、层次分明,便于归类和检查。

1. 建设项目总投资

建设项目总投资是指投资主体为获取预期收益,在选定的建设项目上投入所需全部资金的经济行为。我国现行的生产性建设项目总投资包括固定资产投资和包含铺底流动资金在内的流动资产投资两部分(图 0-6),而非生产性建设项目总投资只有固定资产投资。

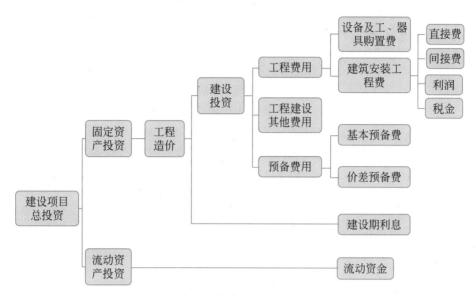

图 0-6　我国现行建设项目总投资的构成

固定资产投资是投资主体为了特定的目的,以达到预期收益的资金垫付行为。在我国,按管理渠道分类,固定资产投资包括基本建设投资、更新改造投资、房地产开发投资和其他固定资产投资四部分。建设项目的固定资产投资也就是建设项目的工程造价,两者在量上是等同的,其中建筑安装工程投资也就是建筑安装工程造价,两者在量上也是等同的。

项目总投资中的流动资金形成项目运营过程中的流动资产,流动资金是指在工业项目投产前预先垫付,在投产后的生产经营过程中用于购买原材料、燃料动力、备品备件,支付工资和其他费用,以及被产品、半成品和其他存货占用的周转资金,这些不构成建设项目总造价。

2. 动态投资与静态投资

动态投资是指在建设期内,因建设期利息和国家新批准的税费、汇率、利率变动以及建设期价格变动引起的建设投资增加额,包括静态投资、价差(涨价)预备费和建设期利息等。

静态投资是指在工程计价(投资估算、设计概算和施工图预算)时,以某一基准年、月的建设要素的单价为依据所计算出的工程造价瞬时值。它包括因工程量误差而可能引起的造价增加,不包括以后因价格上涨等风险因素所增加的投资,也不包括因时间因素而发生的资金利息净支出。静态投资由建筑安装工程费、设备及工、器具购置费、工程建设其他费用和预备费中的基本预备费四部分费用组成,如图 0-6 所示。静态投资是动态投资最主要的组成部分,也是动态投资的计算基础。

0.2.2　设备及工、器具购置费

设备及工、器具购置费由设备购置费和工、器具及生产家具购置费组成。它是固定资产投资中的组成部分,一般在生产性建设项目中约占项目投资费用的 40% 左右。

1. 设备购置费的构成及计算

设备购置费是指为建设项目购置或自制达到固定资产标准的设备费用,计算方法为

$$设备购置费 = 设备原价 + 设备运杂费 \tag{0-1}$$

设备原价是指国产标准设备、国产非标准设备、进口设备的原价。设备运杂费是指除设备原价之外与设备采购、运输、途中包装及仓库保管等方面支出有关的费用总和。

1) 国产设备原价的构成及计算

国产设备原价是指设备制造厂的交货价,即出厂价或订货合同价。它一般根据生产厂商或供应商的询价、报价、合同价等确定。国产设备分为国产标准设备和国产非标准设备。

国产标准设备是指按照主管部门颁布的标准图纸和技术要求,由我国设备生产厂批量生产的,符合国家质量检测标准的设备,如汽车、计算机、批量生产的车床等。国产标准设备原价有两种,即带有备件(如汽车销售中带的备用轮胎)的原价和不带有备件的原价。在计算国产标准设备原价时,一般采用带有备件的原价。

国产非标准设备是指国家尚无定型标准,各设备生产厂不可能在工艺过程中采用批量生产,只能按一次订货,并根据具体的设计图纸制造的设备(如火力发电厂中的锅炉、发电机组等)。非标准设备原价有多种不同的计算方法,具体有成本计算估价法、系列设备插入估价法、分部组合估价法、定额估价法。确定国产非标准设备原价常用的是成本计算估价法,原价组成及计算方法见表0-2。

表 0-2 国产非标准设备原价组成及计算方法

构 成	计 算 公 式	注意事项
材料费	材料净重×(1+加工损耗系数)×每吨材料综合单价	一般已知
加工费	设备总重量×设备每吨加工费	
辅助材料费	设备总重量×辅助材料费指标	
专用工具费	(材料费+加工费+辅助材料费)×专用工具费率	
废品损失费	(材料费+加工费+辅助材料费+专用工具费)×废品损失费率	
外购配套件费	购买价格+运杂费	一般已知
包装费	(材料费+加工费+辅助材料费+专用工具费+废品损失费+外购配套件费)×包装费率	
利润	(材料费+加工费+辅助材料费+专用工具费+废品损失费+外购配套件费+包装费)×利润率	
增值税	增值税=销项税-进项税 其中: 销项税=(材料费+加工费+辅助材料费+专用工具费+废品损失费+外购配套件费+包装费+利润)×增值税税率	"营改增"
非标准设备设计费	按国家规定进行计算	

拓展延伸

　　"营改增"的意义如下：营改增全称为营业税改增值税，是指以前缴纳营业税的应税项目改成缴纳增值税。营改增可以减少重复征税，促使社会形成更好的良性循环，有利于企业降低税负。例如，你是一个面馆的老板，购买面粉、鸡蛋等原材料花费了 6 元，做成一碗面条后卖了 10 元，那么 10 元就是你的营业额，从这笔钱中扣的税就是营业税。而 10 元的面条原本只是 6 元的原材料，你的加工让原材料增值了 4 元，那么 4 元就是增值额，从这笔钱中扣的就是增值税。营业税是向整个交易收税，而增值税只向产品增加的价值收税。事实上，你购买原材料时已经缴了一次税，若以营业额为对象进行计税就会产生重复计税。可见，"营改增"可以避免重复计税，减少企业负担，因此这是国家出台的一项利国利民的政策。

【例 0-1】　某企业拟采购一台国产非标准设备，据调查，供货方生产该台设备所用材料费为 22 万元，加工费为 3 万元，辅助材料费为 2000 元，供货方为生产该设备，在材料采购过程中发生增值税进项税额 1 万元。专用工具费费率为 1.2%，废品损失费费率为 12%，包装费费率为 1%，外购配套件费为 4.5 万元，包装费费率为 1%，利润率为 6%，增值税税率为 17%，非标准设备设计费为 4 万元，试求该国产非标准设备的原价。

　　2）进口设备原价的构成与计算

　　进口设备原价是指进口设备的抵岸价，即抵达买方边境港口或边境车站，且交完关税等税费后形成的价格。进口设备抵岸价的构成与进口设备的交货类别有关。

　　（1）进口设备的交货类别分为内陆交货类、目的地交货类、装运港交货类。

　　① 内陆交货类即卖方在出口国内陆的某个地点交货。在交货地点，卖方及时提交合同规定的货物和有关凭证，并负担交货前的一切费用和风险，买方按时接受货物，交付货款，负担接货后的一切费用和风险，并自行办理出口手续和装运出口。货物的所有权也在交货后由卖方转移给买方。

　　② 目的地交货类即卖方在进口国的港口或内地交货，有目的港船上交货价、目的港船边交货价和目的港码头交货价（关税已付）及完税后交货价（进口国的指定地点）等几种交货价。它们的特点是买卖双方承担的责任、费用和风险是以目的地约定交货点为分界线，只有当卖方在交货点将货物置于买方控制下才算交货，才能向买方收取货款。这种交货类别对卖方来说承担的风险较大，在国际贸易中卖方一般不愿采用。

　　③ 装运港交货类即卖方在出口国装运港交货，主要有装运港船上交货价（FOB），习惯称离岸价格，它的特点是卖方按照约定的时间在装运港交货，只要卖方把合同规定的货物装船后提供货运单据便完成交货任务，可凭单据收回货款。

　　装运港船上交货价（FOB）是我国进口设备采用最多的一种货价。采用船上交货价时卖方的责任是在规定的期限内,负责在合同规定的装运港口将货物装上买方指定的船只,并及时通知买方;负担货物装船前的一切费用和风险,负责办理出口手续,提供出口国政府或有关方面签发的证件;负责提供有关装运单据。买方的责任是负责租船或订舱,支付运费,并将船期、船名通知卖方,负担货物装船后的一切费用和风险;负责办理保险及支付保险费,办理在目的港的进口和收货手续,接受卖方提供的有关装运单据,并按合同规定支付货款。

(2) 进口设备原价的计算公式如下。

$$进口设备原价 = FOB 价 + 国际运费 + 运输保险费 + 银行财务费 + 外贸手续费 + 关税 + 增值税 + 消费税 + 车辆购置税 \tag{0-2}$$

① FOB 价(装运港船上交货价):分为原币货价和人民币货价,原币货价一律折算为美元表示,人民币货价按原币货价乘以外汇市场美元兑换人民币中间价确定。FOB 价按有关生产厂商询价、报价、订货合同价计算。

② 国际运费:即从出口国装运港(站)到达进口国港(站)的运费。我国进口设备大部分采用海洋运输,小部分采用铁路、公路运输,个别采用航空运输。

$$国际运费 = 原币货价(FOB) \times 运费费率 \tag{0-3}$$

或

$$国际运费 = 运量 \times 单位运价 \tag{0-4}$$

③ 运输保险费:对外贸易货物运输保险是由保险公司与被保险的出口人或进口人订立保险契约,在被保险人交付议定的保险费后,保险公司根据保险契约的规定对货物在运输过程中发生的承保责任范围内的损失给予经济上的补偿,是一种财产保险。

$$运输保险费 = \frac{FOB 价 + 国际运费}{1 - 保险费费率} \times 保险费费率 \tag{0-5}$$

④ 银行财务费:一般是指中国银行手续费,银行财务费费率一般为 0.4%~0.5%。

$$银行财务 = FOB 价 \times 银行财务费费率 \tag{0-6}$$

⑤ 外贸手续费:是指按外贸易管理部门规定的外贸手续费费率计取的费用,外贸手续费费率一般取 1.5%。

$$外贸手续费 = (FOB 价 + 国际运费 + 运输保险费) \times 外贸手续费费率 \tag{0-7}$$

⑥ 关税:由海关对进出国境或关境的货物和物品征收的税。

$$关税 = (FOB 价 + 国际运费 + 运输保险费) \times 进口关税税率 \tag{0-8}$$

进口关税税率分为优惠税率和普通税率两种。优惠税率适用于与我国签订有关税互惠条约或协定的国家的进口设备;普通税率适用于与我国未订有关税互惠条约或协定的国家的进口设备。进口关税税率按我国海关总署发布的进口关税税率计算。

进口设备时,习惯上称 FOB 价为离岸价格,称 CIF 价为到岸价格或关税完税价格。

$$CIF 价 = FOB 价 + 国际运费 + 运输保险费 \tag{0-9}$$

⑦ 增值税:是对从事进口贸易的单位和个人,在进口商品报关进口后征收的税种。我国增值税条例规定,进口应税产品均按组成计税价格和增值税税率的乘积直接计算应纳税额。

$$进口产品增值税税额 = 组成计税价格 \times 增值税税率 \tag{0-10}$$
$$组成计税价格 = FOB价 + 国际运费 + 运输保险费 + 关税 + 消费税 \tag{0-11}$$

⑧ 消费税:仅对部分进口设备(如轿车、摩托车等)征收。

$$应纳消费税额 = \frac{CIF价 + 关税}{1 - 消费税税率} \times 消费税税率 \tag{0-12}$$

⑨ 车辆购置税:进口车辆需缴进口车辆购置税。

$$进口车辆购置税 = (CIF价 + 关税 + 消费税) \times 进口车辆购置税税率 \tag{0-13}$$

【例 0-2】 某工程进行施工招标,其中有一种设备须从国外进口,招标文件中规定投标者必须对其做出详细报价。某资格审查合格的施工单位,对该设备的报价资料做了充分调查,所得数据为:该设备重 1100t,在某国的装运港船上交货价为 100 万美元,海洋运费为 280 美元/t,运输保险费费率为 0.2%,银行财务费费率为 0.5%,外贸手续费费率为 1.5%,关税税率为 22%,增值税税率为 17%,消费税税率 10%,设备运杂费费率为 2.5%。经查,当时美元对人民币的汇率为 1 美元=6.4 元人民币。请根据上述资料确定该进口设备的原价及设备购置费。

(3) 设备运杂费的构成和计算公式。

① 设备运杂费由运费和装卸费、包装费、供销部门手续费以及采购与仓库保管费构成。

国产设备的运费和装卸费是指由设备制造厂交货地点(或购买地点,如商店)起至工地仓库(或施工组织设计指定的需要安装设备的堆放地点)止所发生的运费和装卸费。进口设备的运费和装卸费则是指由我国到岸港口或边境车站起至工地仓库(或施工组织设计指定的需安装设备的堆放地点)止所发生的运费和装卸费。

包装费是指在设备原价中没有包含的、为运输而进行包装支出的各种费用。

供销部门手续费按照统一费率计算。

采购与仓库保管费是指采购、验收、保管和收发设备所发生的各种费用,包括设备采购人员、保管人员和管理人员的工资、工资附加费、办公费、差旅交通费,设备供应部门办公和仓库所占固定资产使用费、工具用具使用费、劳动保护费、检验试验费等。

② 设备运杂费可按实际发生的费用计算。

$$设备运杂费 = 运费 + 装卸费 + 包装费 + 供销部门手续费 + 采购与仓库保管费 \tag{0-14}$$

也可以按设备运杂费费率计算。

$$设备运杂费＝设备原价×设备运杂费费率 \qquad (0-15)$$

2. 工、器具及生产家具购置费

工、器具及生产家具购置费是指新建或扩建项目初步设计规定的,保证初期正常生产必须购置的没有达到固定资产标准的设备、仪器、工卡模具、器具、生产家具和备品备件等的购置费用。

$$工、器具及生产家具购置费＝设备购置费×定额费率 \qquad (0-16)$$

0.2.3　建筑安装工程费

建筑安装工程费是指为完成工程项目的建造、生产性设备及配套工程安装所需要的费用,分为建筑工程费和安装工程费两部分。

建筑工程费主要包括以下内容。

(1) 各类房屋建筑工程和列入房屋建筑工程预算的供水、供暖、供电、卫生、通风、煤气等设备费用及其装饰、油饰工程的费用,列入建筑工程预算的各种管道、电力、电信和电缆导线敷设工程的费用。

(2) 设备基础、支柱、工作台、烟囱、水塔、水池、灰塔等建筑工程以及各种炉窑的砌筑工程和金属结构工程的费用。

(3) 为施工而进行的场地平整工程和水位地质勘查,原有建筑物和障碍物的拆除以及施工临时用水、电、气、路和完工后的场地清理、环境绿化、美化等工作的费用。

(4) 矿井开凿、井巷延伸、露天矿剥离,石油、天然气钻井以及修建铁路、公路、桥梁、水库、堤坝、灌渠及防洪等工程的费用。

安装工程费主要包括以下内容。

(1) 生产、动力、起重、运输、传动和医疗、实验等各种需要安装的机械设备的装配费用,与设备相连的工作台、梯子、栏杆等装饰工程以及附设于安装设备的管线敷设工程和被安装设备的绝缘、防腐、保温、油漆等工作的材料费用和安装费用。

(2) 为测定安装工程质量,对单个设备进行单机试运转和对系统设备进行系统联动无负荷试运转工作的调试费。

根据住房和城乡建设部、财政部颁布的《关于印发〈建筑安装工程费用项目组成〉的通知》(建标〔2013〕44 号),我国现行建筑安装工程费用项目分别按费用构成要素划分和造价形成划分。

1. 按构成要素划分建筑安装工程费

建筑安装工程费按照构成要素划分为人工费、材料(包含工程设备)费、施工机具使用费、企业管理费、利润、规费和税金,具体组成如图 0-7 所示。其中,人工费、材料费、施工机具使用费、企业管理费和利润包含在分部分项工程费、措施项目费和其他项目费中。

1) 人工费

人工费是指按工资总额构成规定,支付给从事建筑安装工程施工的生产工人和附属生

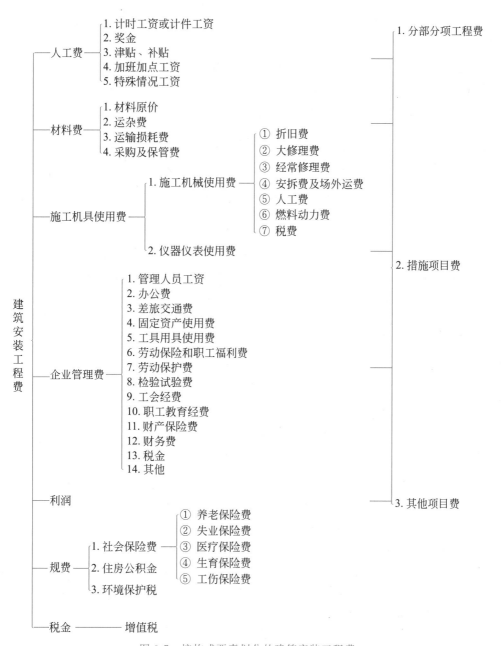

图 0-7 按构成要素划分的建筑安装工程费

产单位工人的各项费用,包括以下几点。

(1)计时工资或计件工资:是指按计时工资标准和工作时间或对已做工作按计件单价支付给个人的劳动报酬。

(2)奖金:是指对超额劳动和增收节支支付给个人的劳动报酬,如节约奖、劳动竞赛奖等。

(3)津贴、补贴:是指为了补偿职工特殊或额外的劳动消耗和因其他特殊原因支付给个人的津贴,以及为了保证职工工资水平不受物价影响支付给个人的物价补贴。如流动施工津贴、特殊地区施工津贴、高温(寒)作业临时津贴、高空津贴等。

（4）加班加点工资：是指按规定支付的在法定节假日工作的加班工资和在法定日工作时间外延时工作的加点工资。

（5）特殊情况工资：是指根据国家法律、法规和政策规定，因病、工伤、产假、计划生育假、婚丧假、事假、探亲假、定期休假、停工学习、执行国家或社会义务等原因按计时工资标准或计时工资标准的一定比例支付的工资。

2）材料费

材料费是指施工过程中耗费的原材料、辅助材料、构配件、零件、半成品或成品、工程设备的费用。内容包括以下几点。

（1）材料原价：是指材料、工程设备的出厂价格或商家供应价格。

（2）运杂费：是指材料、工程设备自来源地运至工地仓库或指定堆放地点所发生的全部费用。

（3）运输损耗费：是指材料在运输装卸过程中不可避免的损耗费用。

（4）采购及保管费：是指为组织采购、供应和保管材料、工程设备的过程中所需要的各项费用，包括采购费、仓储费、工地保管费、仓储损耗费。工程设备是指构成或计划构成永久工程一部分的机电设备、金属结构设备、仪器装置及其他类似的设备和装置。

3）施工机具使用费

施工机具使用费是指施工作业所发生的施工机械、仪器仪表使用费或其租赁费。

（1）施工机械使用费是以施工机械台班耗用量乘以施工机械台班单价表示，施工机械台班单价应由下列几项费用组成。

① 折旧费：是指施工机械在规定的使用年限内，陆续收回其原值的费用。

② 大修理费：是指施工机械按规定的大修理间隔台班进行必要的大修理，以恢复其正常功能所需的费用。

③ 经常修理费：是指施工机械除大修理以外的各级保养和临时故障排除所需的费用，包括为保障机械正常运转所需替换设备与随机配备工具附具的摊销和维护费用，机械运转中日常保养所需润滑与擦拭的材料费用及机械停滞期间的维护和保养费用等。

④ 安拆费：是指施工机械（大型机械除外）在现场进行安装与拆卸所需的人工、材料、机械和试运转费用以及机械辅助设施的折旧、搭设、拆除等费用。

⑤ 场外运费：是指施工机械整体或分体自停放地点运至施工现场或由一个施工地点运至另一个施工地点的运输、装卸、辅助材料及架线等费用。

⑥ 人工费：是指机上司机（司炉）和其他操作人员的人工费。

⑦ 燃料动力费：是指施工机械在运转作业中所消耗的各种燃料及水、电等费用。

⑧ 税费：是指施工机械按照国家规定应缴纳的车船使用税、保险费及年检费等。

（2）仪器仪表使用费是指工程施工所需使用的仪器仪表的摊销及维修费用。

4）企业管理费

企业管理费是指建筑安装企业组织施工生产和经营管理所需的费用，包括以下内容。

（1）管理人员工资：是指按规定支付给管理人员的计时工资、奖金、津贴补贴、加班加点工资及特殊情况下支付的工资等。

（2）办公费：是指企业管理办公用的文具、纸张、账表、印刷、邮电、书报、办公软件、现场监控、会议、水电、烧水和集体取暖降温（包括现场临时宿舍取暖降温）等费用。

（3）差旅交通费：是指职工因公出差、调动工作的差旅费、住勤补助费，市内交通费和误餐补助费，职工探亲路费，劳动力招募费，职工退休、退职一次性路费，工伤人员就医路费，工地转移费以及管理部门使用的交通工具的油料、燃料等费用。

（4）固定资产使用费：是指管理和试验部门及附属生产单位使用的属于固定资产的房屋、设备、仪器等的折旧、大修、维修或租赁费。

（5）工具用具使用费：是指企业施工生产和管理使用的不属于固定资产的工具、器具、家具、交通工具和检验、试验、测绘、消防用具等的购置、维修和摊销费。

（6）劳动保险和职工福利费：是指由企业支付的职工退职金，按规定支付给离休干部的经费，集体福利费，夏季防暑降温、冬季取暖补贴，上下班交通补贴等。

（7）劳动保护费：是指企业按规定发放的劳动保护用品的支出，如工作服、手套、防暑降温饮料以及在有碍身体健康的环境中施工的保健费用等。

（8）检验试验费：是指施工企业按照有关标准规定，对建筑以及材料、构件和建筑安装物进行一般鉴定、检查所发生的费用，包括自设试验室进行试验所耗用的材料等费用，不包括新结构、新材料的试验费，对构件做破坏性试验及其他特殊要求检验试验的费用和建设单位委托检测机构进行检测的费用，对此类检测发生的费用，由建设单位在工程建设其他费用中列支。但对施工企业提供的具有合格证明的材料进行检测不合格的，该检测费用由施工企业支付。

（9）工会经费：是指企业按《中华人民共和国工会法》规定的全部职工工资总额比例计提的工会经费。

（10）职工教育经费：是指按职工工资总额的规定比例计提，企业为职工进行专业技术和职业技能培训，专业技术人员继续教育、职工职业技能鉴定、职业资格认定以及根据需要对职工进行各类文化教育所发生的费用。

（11）财产保险费：是指施工管理用财产、车辆等的保险费用。

（12）财务费：是指企业为施工生产筹集资金或提供预付款担保、履约担保、职工工资支付担保等所发生的各种费用。

（13）税金：是指企业按规定缴纳的房产税、车船使用税、土地使用税、印花税等。

（14）其他还包括技术转让费、技术开发费、投标费、业务招待费、绿化费、广告费、公证费、法律顾问费、审计费、咨询费、保险费等。

5）利润

利润是指施工企业完成所承包工程获得的盈利。

6）规费

规费是指按国家法律、法规规定，由省级政府和省级有关权力部门规定必须缴纳或计取的费用，包括社会保险费、住房公积金和环境保护税。

（1）社会保险费包含以下内容。

① 养老保险费：是指企业按照规定标准为职工缴纳的基本养老保险费。

② 失业保险费：是指企业按照规定标准为职工缴纳的失业保险费。

③ 医疗保险费：是指企业按照规定标准为职工缴纳的基本医疗保险费。

④ 生育保险费：是指企业按照规定标准为职工缴纳的生育保险费。

⑤ 工伤保险费：是指企业按照规定标准为职工缴纳的工伤保险费。

《中华人民共和国劳动法》第七十条　国家发展社会保险事业,建立社会保险制度,设立社会保险基金,使劳动者在年老、患病、工伤、失业、生育等情况下获得帮助和补偿。

《中华人民共和国社会保险法》第二条　国家建立基本养老保险、基本医疗保险、工伤保险、失业保险、生育保险等社会保险制度,保障公民在年老、疾病、工伤、失业、生育等情况下依法从国家和社会获得物质帮助的权利。用人单位为劳动者缴纳社保是企业的法定义务,法律规定企业必须为员工购买社保,企业为员工缴纳社保是用人单位的法定义务,具有强制性且不可变通。

《中华人民共和国劳动合同法》第三十八条　用人单位未依法为劳动者缴纳社会保险费的,劳动者可以解除劳动合同,用人单位还应当支付经济补偿金。

如果企业不给员工缴纳社保和公积金,员工提起诉讼、仲裁,那企业基本上是属于败诉的一方,以上充分体现了国家"以人为本"的治国方略。

(2) 住房公积金是指企业按规定标准为职工缴纳的住房公积金。

(3) 环境保护税原指工程排污费。2018 年 1 月 1 日起实施的《中华人民共和国环境保护税法》对"环境保护税"提出了明确的要求,即现场施工机械设备降低噪声、防扰民措施费用;水泥和其他易飞扬细颗粒建筑材料密闭存放或采取覆盖措施等费用;工程防扬尘洒水费用;土石方、建筑渣土外运车辆冲洗、防洒漏等费用;现场污染源的控制、生活垃圾清理外运、场地排水排污措施的费用;其他环境保护措施费用。

其他应列而未列入的规费,按实际发生计取。

7) 税金

2016 年之前,税金是指国家税法规定的应计入建筑安装工程造价内的增值税、城市维护建设税、教育费附加以及地方教育费附加。自 2016 年建筑业实施"营改增"以来,调整后的税金是指按照国家税法规定计入建筑安装工程造价的增值税销项税额。同时,城市建设维护税、教育费附加及地方教育附加,不再列入税金项目内,调整放入企业管理费中。

2. 按造价形成划分建筑安装工程费

建筑安装工程费按照工程造价形成由分部分项工程费、措施项目费、其他项目费、规费、税金组成,如图 0-8 所示。其中,分部分项工程费、措施项目费、其他项目费都包含人工费、材料费、施工机具使用费、企业管理费和利润。

1) 分部分项工程费

分部分项工程费是指各专业工程的分部分项工程应予列支的各项费用。

(1) 专业工程是指按现行国家计量规范划分的房屋建筑与装饰工程、仿古建筑工程、通用安装工程、市政工程、园林绿化工程、矿山工程、构筑物工程、城市轨道交通工程、爆破工程等各类工程。

(2) 分部分项工程是指按现行国家计量规范对各专业工程划分的项目,如房屋建筑与装饰工程划分的土石方工程、地基处理与桩基工程、砌筑工程、钢筋及钢筋混凝土工程等。

各类专业工程的分部分项工程划分见现行国家或行业计量规范。

2) 措施项目费

措施项目费是指为完成建设工程施工,发生于该工程施工前和施工过程中的技术、生

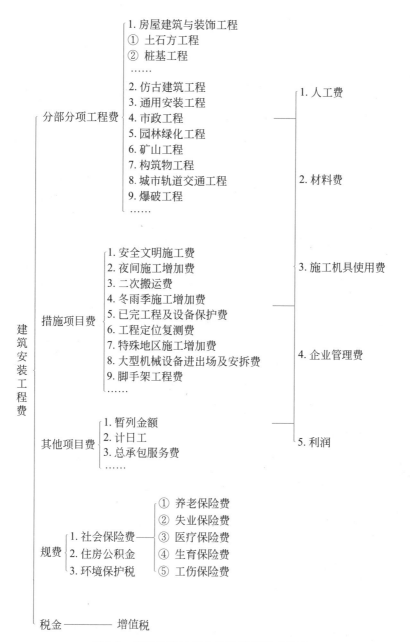

图 0-8　按造价形成划分的建筑安装工程费

活、安全、环境保护等方面的费用包括以下内容。

（1）安全文明施工费，包括环境保护费、文明施工费、安全施工费和临时设施费。

环境保护费是指施工现场为达到环保部门要求所需要的各项费用。

文明施工费是指施工现场文明施工所需要的各项费用。

安全施工费是指施工现场安全施工所需要的各项费用。

临时设施费是指施工企业为进行建设工程施工所必须搭设的生活和生产用的临时建筑物、构筑物和其他临时设施费用，包括临时设施的搭设、维修、拆除、清理费或摊销费等。

1. 关于施工中的安全文明施工费,你知道多少?

随着我国建筑行业的快速发展,安全文明生产工作越来越受到有关各方的高度重视。建筑生产的安全应当以"坚持安全第一、综合治理、预防为主"的原则,应当通过事先对安全生产的投入,将职业危害、安全事故消灭在萌芽状态,它是最可行、最经济、最安全的生产建设之路。

《建设工程安全生产管理条例》第二十二条 施工单位对列入建设工程概算的安全作业环境及安全施工措施所需费用,应当用于施工安全防护用具及设施的采购和更新、安全施工措施的落实、安全生产条件的改善,不得挪作他用。

2. 安全文明施工费是可竞争费用吗?

《建设工程工程量清单计价规范》(GB 50500—2013)(以下简称《13 版清单计价规范》)第 3.1.5 项则明确规定:"措施项目清单中的安全文明施工费应按照国家或省级、行业建设主管部门的规定计价,不得作为竞争性费用。"由于我国建筑业竞争激烈,不乏施工单位为赢取中标,通过压缩安全成本来降低投标报价,而且由于安全投入在短期内难以明显表现出其收益,因此施工单位为了节约成本,也抱有侥幸心理,不愿意增加安全生产投入,导致在工程施工过程中无法充分保证安全生产措施,增加了发生安全事故的概率。安全文明施工费不得作为竞争性费用的规定,一方面显示出相关部门对安全文明施工的重视和治理安全文明施工问题的决心;另一方面也是为保证安全成本不被压缩,在建设过程中有足够的安全费用。

(2)夜间施工增加费:是指因夜间施工所发生的夜班补助费,夜间施工降效、夜间施工照明设备摊销及照明用电等费用。

(3)二次搬运费:是指因施工场地条件限制而发生的材料、构配件、半成品等一次运输不能到达堆放地点,必须进行二次或多次搬运所发生的费用。

(4)冬雨季施工增加费:是指在冬季或雨季施工需增加的临时设施、防滑、排除雨雪、人工及施工机械效率降低等费用。

(5)已完工程及设备保护费:是指竣工验收前,对已完工程及设备采取的必要保护措施所发生的费用。

(6)工程定位复测费:是指工程施工过程中进行全部施工测量放线和复测工作的费用。

(7)特殊地区施工增加费:是指工程在沙漠或其边缘地区、高海拔、高寒、原始森林等特殊地区施工增加的费用。

(8)大型机械设备进出场及安拆费:是指机械整体或分体自停放场地运至施工现场或由一个施工地点运至另一个施工地点所发生的机械进出场运输及转移费用以及机械在施工现场进行安装、拆卸所需的人工费、材料费、机械费、试运转费和安装所需的辅助设施的费用。

(9)脚手架工程费:是指施工需要的各种脚手架搭、拆、运输费用以及脚手架购置费的摊销(或租赁)费用。

措施项目及其包含的内容详见各类专业工程的现行国家或行业计量规范。

3）其他项目费

（1）暂列金额：是指建设单位在工程量清单中暂定并包括在工程合同价款中的一笔款项，用于施工合同签订时尚未确定或者不可预见的所需材料、工程设备、服务的采购，施工中可能发生的工程变更、合同约定调整因素出现时的工程价款调整以及发生的索赔、现场签证确认等的费用。

（2）计日工：是指在施工过程中，施工企业完成建设单位提出的施工图纸以外的零星项目或工作所需的费用。

（3）总承包服务费：是指总承包人为配合、协调建设单位进行的专业工程发包，对建设单位自行采购的材料、工程设备等进行保管以及施工现场管理、竣工资料汇总整理等服务所需的费用。

4）规费

定义同前。

5）税金

定义同前。

0.2.4　工程建设其他费

工程建设其他费是指工程项目建设期内发生的与土地使用权取得、整个工程项目建设以及未来生产经营有关的资金（不包括工程费用中已含的费用）。

1. 建设用地费

建设用地费是指建设单位为获得建设用地而支付的费用。其表现形式有两种：一是土地征用及迁移补偿费；二是土地使用权出让金。

1）土地征用及迁移补偿费

土地征用及迁移补偿费是指建设单位依法申请使用国有土地，并依照《中华人民共和国土地管理法》所支付的费用。征收耕地的补偿费用包括土地补偿费、安置补助费以及地上附着物和青苗的补偿费。

（1）征收耕地的土地补偿费为该耕地被征收前3年平均年产值的6～10倍。

（2）征收耕地的安置补助费按照需要安置的农业人口数计算。需要安置的农业人口数，按照被征收的耕地数量除以征地前被征收单位平均每人占有耕地的数量计算。每一个需要安置的农业人口的安置补助费标准，为该耕地被征收前3年平均年产值的4～6倍。但是每公顷被征收耕地的安置补助费，最高不得超过被征收前3年平均年产值的15倍。

（3）征收其他土地的土地补偿费和安置补助费标准，由省、自治区、直辖市参照征收耕地的土地补偿费和安置补助费的标准规定。

（4）被征收土地上的附着物和青苗的补偿标准，由省、自治区、直辖市规定。

（5）征收城市郊区的菜地，用地单位应当按照国家有关规定缴纳新菜地开发建设基金。

（6）依照前面规定支付土地补偿费和安置补助费，尚不能使需要安置的农民保持原有生活水平的，经省、自治区、直辖市人民政府批准，可以增加安置补助费。但是土地补偿费和安置补助费的总和不得超过土地被征收前3年平均年产值的30倍。

2）土地使用权出让金

土地使用权出让金是指建设项目通过土地使用权出让方式,取得有限期的土地使用权,依照《中华人民共和国城镇国有土地使用权出让和转让暂行条例》规定,支付的土地使用权出让金。

（1）国家是城市土地的唯一所有者,并分层次、有偿、有限期地出让城市土地。第一层次是城市政府将国有土地使用权出让给用地者,该层次由城市政府垄断经营。出让对象可以是有法人资格的企事业单位,也可以是外商。第二层次及以下层次的转让则发生在使用者之间。

（2）城市土地的出让可采用协议、招标、公开拍卖等方式。

（3）土地使用权出让最高年限按下列用途确定:居住用地70年;工业用地50年;教育、科技、文化、卫生、体育用地50年;商业、旅游、娱乐用地40年;综合或者其他用地50年。

2. 与项目建设有关的其他费用

1）建设单位管理费

建设单位管理费是指建设单位在建设项目从立项、筹建、建设、联合试运转到竣工验收交付使用及后评估全过程管理所需费用。

（1）建设单位开办费:是指新建项目为保证筹建和建设工作正常进行所需的办公设备、生活家具、用具、交通工具等购置费用。

（2）建设单位经费:包括工作人员的基本工资、工资性补贴、职工福利费、劳动保护费、劳动保险费、办公费、差旅交通费、工会经费、职工教育经费、固定资产使用费、工具用具使用费、技术图书资料费、生产人员招募费、工程招标费、合同契约公证费、工程质量监督检测费、工程咨询费、法律顾问费、审计费、业务招待费、排污费、竣工交付使用清理及竣工验收费、后评估费等费用,不包括应计入设备、材料预算价格的建设单位采购及保管设备材料所需的费用。

2）勘察设计费

（1）编制项目建议书、可行性研究报告及投资估算、工程咨询、评价以及为编制上述文件所进行勘察、设计、研究试验等所需费用。

（2）委托勘察、设计单位进行初步设计、施工图设计及概预算编制等所需费用。

（3）在规定范围内,由建设单位自行完成的勘察、设计工作所需费用。

3）研究试验费

研究试验费是指为建设项目提供和验证设计参数、数据、资料等所进行的必要的试验费用,以及设计规定在施工中必须进行试验、验证所需费用,包括自行或委托其他部门研究试验所需人工费、材料费、试验设备及仪器使用费等。这项费用按照设计单位根据本工程项目的需要提出的研究试验内容和要求计算。

4）建设单位临时设施费

建设单位临时设施费是指建设期间建设单位所需临时设施的搭设、维修、摊销、租赁费用。临时设施包括临时宿舍、文化福利及公用事业房屋与构筑物、仓库、办公室、加工厂以及规定范围内的道路、水、电、管线等临时设施和小型临时设施。

5）工程监理费

工程监理费是指建设单位委托工程监理单位对工程实施监理工作所需费用。工程监理费按国家主管部门颁布的文件规定计算。

6) 工程保险费

工程保险费是指建设项目在建设期间根据需要实施工程保险所需的费用,包括以各种建筑工程及其在施工过程中的物料、机器设备为保险标的的建筑工程一切险;以安装工程中的各种机器、机械设备为保险标的的安装工程一切险以及机器损坏保险等。根据不同的工程类别,工程保险费分别以其建筑、安装工程费乘以建筑、安装工程保险费费率计算。

7) 引进技术和进口设备其他费

引进技术和进口设备其他费包括出国人员费用、国外工程技术人员来华费用、技术引进费、分期或延期付款利息、担保费以及进口设备检验鉴定费。

8) 工程承包费

工程承包费是指具有总承包条件的工程公司,对工程建设项目从开始建设至竣工投产全过程的总承包所需的管理费用。其具体内容包括组织勘察设计、设备材料采购、非标准设备设计制造与销售、施工招标、发包、工程预决算、项目管理、施工质量监督、隐蔽工程检查、验收和试车直至竣工投产的各种管理费用。该费用按国家主管部门或省、自治区、直辖市协调规定的工程总承包费取费标准计算。

3. 与未来企业生产经营有关的其他费用

1) 联合试运转费

联合试运转费是指新建项目或新增加生产能力的工程,在交付生产前按照批准的设计文件所规定的工程质量标准和技术要求,进行整个生产线或装置的负荷联合试运转或局部联动试车所发生的费用净支出(试运转支出大于收入的差额部分费用,以及必要的工业炉烘炉费)。试运转支出包括试运转所需原材料、燃料及动力消耗、低值易耗品、其他物料消耗、工具用具使用费、机械使用费、保险金、施工单位参加试运转人员工资,以及专家指导费等;试运转收入包括试运转期间的产品销售收入和其他收入。

联合试运转费不包括应由设备安装工程费用开支的调试及试车费用,以及在试运转中暴露出来的因施工原因或设备缺陷等发生的处理费用。

2) 生产准备费

生产准备费是指新建企业或新增生产能力的企业,为保证竣工交付使用进行必要的生产准备所发生的费用,包括以下内容。

(1) 生产人员培训费,包括自行培训、委托其他单位培训的人员的工资、工资性补贴、职工福利费、差旅交通费、学习资料费、学习费、劳动保护费等。

(2) 生产单位提前进厂参加施工、设备安装、调试等以及熟悉工艺流程及设备性能等人员工资、工资性补贴、职工福利费、差旅交通费、劳动保护费等。

生产准备费一般根据需要培训和提前进厂人员的人数及培训时间按生产准备费指标进行估算。

3) 办公和生活家具购置费

办公和生活家具购置费是指为保证新建、改建、扩建项目初期正常生产、使用和管理所需购置的办公和生活家具、用具的费用。改、扩建项目所需的办公和生活用具购置费应低于新建项目。其范围包括办公室、会议室、资料档案室、阅览室、文娱室、食堂、浴室、理发室、单身宿舍和设计规定必须建设的托儿所、卫生所、招待所、中小学校等家具、用具购置费。

0.2.5 预备费

按我国现行规定,预备费包括基本预备费和价差预备费。

1. 基本预备费

基本预备费是指在初步设计及概算内难以预料的工程费用,主要
包括以下内容。

微课:预备费及
建设期贷款利息

(1) 在批准的初步设计范围内,技术设计、施工图设计及施工过程
中所增加的工程费用,设计变更、局部地基处理等增加的费用。

(2) 一般自然灾害造成的损失和预防自然灾害所采取的措施费
用。实行工程保险的项目,费用应适当降低。

(3) 竣工验收时,为鉴定工程质量,对隐蔽工程进行必要的挖掘和修复费用。

基本预备费是按设备及工、器具购置费、建筑安装工程费和工程建设其他费三者之和为
计取基数,乘以基本预备费费率进行计算,其计算公式如下。

$$基本预备费 = (设备及工、器具购置费 + 建筑安装工程费 + 工程建设其他费) \\ \times 基本预备费费率 \tag{0-17}$$

基本预备费费率应按国家及部门的有关规定执行。

2. 价差预备费

价差预备费是指工程项目在建设期间内由于价格等变化引起工程造价变化的预测预留
费用。费用内容包括人工、设备、材料、施工机械的价差费,建筑安装工程费及工程建设其他
费用调整,利率、汇率调整等增加的费用。

价差预备费以估算年份价格水平的投资额为基数,根据国家规定的综合价格指数,采用
复利方法计算。计算公式为

$$PF = \sum_{t=1}^{n} I_t \times \left[(1+f)^m (1+f)^{0.5} (1+f)^{t-1} - 1 \right] \tag{0-18}$$

式中　PF——价差预备费;

　　　n——建设期(年);

　　　I_t——建设期中第 t 年投入的工程费用(包括工程费用、工程建设其他费用及基本预
　　　　　备费,即第 t 年的静态投资计划额);

　　　f——年涨价率;

　　　m——建设前期年限(从编制估算到开工建设),年;

　　　t——年数。

【例 0-3】 某建设项目建筑安装工程费为 6500 万元,设备购置费为 3000 万元,工程建
设其他费用为 2000 万元,已知基本预备费费率为 6%,估算时点至开工建设时间为半年,建
设期为 3 年,各年投资计划额如下:第 1 年完成投资的 30%,第 2 年完成投资的 40%,其余
第 3 年完成。年均投资价格上涨率为 3%,试求建设项目建设期间的价差预备费。

0.2.6　建设期贷款利息

建设期贷款利息是指项目建设期间向国内银行和其他非银行金融机构贷款、出口信贷、外国政府贷款、国际商业银行贷款,以及在境内外发行的债券等所产生的利息。

当总贷款是分年均衡发放时,建设期贷款利息的计算可按当年借款在年中支用考虑,即当年贷款按半年计息,上年贷款按全年计息。计算公式为

$$q_j = \left(P_{j-1} + \frac{1}{2}A_j\right) \times i \tag{0-19}$$

$$Q = \sum_{j=1}^{n} q_j \tag{0-20}$$

式中　q_j——建设期第 j 年应计利息;

　　　Q——建设期贷款利息合计;

　　　P_{j-1}——建设期第 $j-1$ 年末累计贷款本金与利息之和;

　　　A_j——建设期第 j 年贷款金额;

　　　i——年利率;

　　　n——建设期年份数。

在计算国外贷款利息时,还应包括国外贷款银行根据贷款协议向贷款方以年利率的方式收取的手续费、管理费、承诺费以及国内代理机构经国家主管部门批准的以年利率的方式向贷款单位收取的转贷费、担保费、管理费等。

【例 0-4】　某建设项目,建设期为 3 年,分年均衡向我国某银行贷款,第 1 年贷款 300 万元,第 2 年贷款 800 万元,第 3 年贷款 400 万元,年利率为 5%,用复利法计算建设期贷款利息。

0.3 建设项目计价方法与计价依据

拓展延伸

我国历史上的"定额"

据史书记载,《大唐六典》对土木工程的耗工耗量有条文记载。当时按四季日照的长短,把劳动定额分为中工(春、秋)、长工(夏)、短工(冬)。工值以中工为准,长工、短工各增减 10%。每一工种按照等级、大小、质量要求以及运输距离远近来计算工值。

北宋著名的古代土木建筑家李诫编著的《营造法式》,成书于公元 1100 年,它不仅是土木工程方面的巨著,也是工料计算方面的巨著。《营造法式》将工料限量与设计、施工、材料结合起来的做法,流传于后,经久可行。

清代工部的《工程做法则例》是一部算工算料的书。梁思成先生[唐代古木建筑佛光寺(山西)发现人]在《清式营造则例》一书序言中明确肯定清代计算工程工料消耗的方法和工程费用的方法。

从 19 世纪初期开始,一些发达国家开始在建设中推行招标承包制,要求工料测量师在工程设计以后和开工以前就进行测量和估价,根据图纸算出实物工程量,并汇编成工程量清单,为招标者确定标底,或为投标者作出报价,工程造价管理逐渐形成独立的专业,1881 年英国皇家测量师学会成立。

在我国,由计划经济向市场经济转轨的同时,建筑工程造价管理已由概预算定额管理模式向工程造价管理模式转换,最终逐步建立以市场形成价格的价格机制,实行量价分离和工程量清单报价方式。

工程造价计算依据是指在计算工程造价时所依据的各类基础资料的总称。计算工程造价的依据有很多,如可行性研究资料、设计图纸、定额、费率、工程造价指数、工程建设地区的材料与人工费单价、与计算造价相关的法规和政策等。本节简单介绍定额的概念和分类、施工定额及预算定额。

0.3.1 定额的基本概念及分类

1. 定额的概念

定额即指规定的额度。

工程建设定额是指工程建设中需消耗人工、材料、机械使用量的规定额度,是在正常的施工条件下,为完成一定量的合格产品所规定的消耗标准。它反映的是在一定的社会生产力发展水平的条件下,完成工程建设中的某项产品与各种生产耗费之间特定的数量关系。

2. 工程建设定额的分类

1) 按定额反映的生产要素内容分类

(1) 人工消耗定额(也称劳动定额):指在正常施工技术和组织条件下,完成规定计量单位合格产品所必须消耗的活劳动数量标准。

（2）材料消耗定额（也称材料定额）：指在正常施工技术条件下，完成规定计量单位合格产品所必须消耗的一定品种规格的原材料、燃料、半成品或构件的数量标准。

（3）机械消耗定额（也称机械台班定额）：指在正常施工技术条件下，完成规定计量单位合格产品所必须消耗的施工机械台班的数量标准。

2）按照定额的编制程序和用途分类

（1）施工定额：表示在正常施工技术条件下，以同一性质的施工过程——工序，作为研究对象，表示生产数量与生产要素消耗综合关系编制的定额。施工定额是施工企业为组织、指挥生产和加强管理而在企业内部使用的一种定额，属于企业定额的性质。为了适应组织生产和管理的需要，施工定额的项目划分很细，是工程建设定额中分项最细、定额子目最多的一种定额，也是工程建设定额中的基础性定额。

施工定额是为施工生产而服务的，本身由人工消耗定额、材料消耗定额和机械消耗定额三个独立的部分组成。定额中只有生产产品的消耗量而没有价格，反映的劳动生产率是平均先进水平，它是编制预算定额的基础。

（2）预算定额：表示在正常施工技术条件下，以分项工程或结构构件为对象编制的定额。与施工定额不同，预算定额不仅有消耗量标准，而且有价格，反映的劳动生产率是平均合理水平。从编制程序上看，预算定额是以施工定额为基础综合扩大编制的，也是编制概算定额的基础。

（3）概算定额：表示在正常施工技术条件下，以扩大分项工程或扩大结构构件为对象，完成规定计量单位合格产品所必须消耗的人工、材料和机械数量和资金标准。与预算定额相似的是，概算定额也既有消耗量标准又有价格，但与预算定额不同的是，概算定额较概括。概算定额是编制扩大初步设计概算、确定建设项目投资额的依据。概算定额的项目划分粗细与扩大初步设计的深度相适应，一般是在预算定额的基础上综合扩大而成的，每一综合分项概算定额都包含数项预算定额。

（4）概算指标：表示在正常施工技术条件下，以分部工程或单位工程为对象，完成规定计量单位合格产品所必须消耗的人工、材料和机械的数量和资金标准。为了增加概算定额的适用性，以建筑物或构筑物的扩大的分部工程或结构构件为对象编制的定额称为扩大结构定额。概算指标是概算定额的扩大与合并。

由于各种性质的建设定额所需要的人工、材料和机械数量不一样，概算指标通常按工业建筑和民用建筑分别编制。工业建筑又按各工业部门类别、企业大小、车间结构进行编制，民用建筑按照用途性质、建筑层高、结构类别进行编制。

概算指标的设定与初步设计的深度相适应，一般是在概算定额和预算定额的基础上编制的，比概算定额更加综合扩大。它是设计单位编制工程概算或建设单位编制年度任务计划、施工准备期间编制材料和机械设备供应计划的依据，也为国家编制年度建设计划提供参考。

（5）投资估算指标：表示在正常施工技术条件下，以建设项目或单项工程为对象，完成规定计量单位合格产品所必须消耗的资金标准。投资估算是在项目建议书和可行性研究阶段编制的。投资估算指标往往根据历史的预、决算资料和价格变动等资料编制，但其编制基础仍然离不开预算定额和概算定额。

上述各种定额之间的相互关系参见表 0-3。

表 0-3　各种定额间关系比较

定额分类	施工定额	预算定额	概算定额	概算指标	投资估算指标
对象	工序	分项工程	扩大的分项工程	分部工程或单位工程	单项工程或建设项目
用途	编制施工预算	编制施工图预算	编制扩大初步设计概算	编制初步设计概算	编制投资估算
项目划分	最细	细	较粗	粗	很粗
定额水平	平均先进	平均	平均	平均	平均
定额性质	生产性定额	计价性定额			

3）按照主编单位和管理权限分类

（1）全国统一定额：是由国家有关主管部门综合全国工程建设中技术和施工组织管理的情况编制，是根据全国范围内社会平均劳动生产率的标准而制定的，在全国都具有参考价值。

（2）地区统一定额：我国幅员辽阔、人口众多，各地区的劳动生产率发展极不平衡。对于具体的地区而言，全国统一定额的针对性不强。因此，各地区在全国统一定额的基础上制定自己的地区定额。地区定额是在全国统一的基础上结合本地区的实际劳动生产率情况而制定的，但只能在本地区内使用。例如，江苏省在 2000 年《全国统一建筑工程预算定额》的基础上制定了 2001 年《江苏省建筑工程单位估价表》；在 2013 年《建设工程工程量清单计价规范》（GB 50500—2013）出版后，江苏省出版了 2014 年《江苏省建筑与装饰工程计价定额》。

（3）行业统一定额：是考虑到各行业部门专业工程的技术特点，以及施工生产和管理水平编制的。一般只是在本行业和相同专业性质的范围内使用，如由交通运输部出版的《公路工程预算定额》。

（4）企业定额：根据企业的施工技术、管理水平以及有关工程造价资料制定，并供本企业使用的人工、材料和机械台班消耗量标准。前面三种定额都反映的是一定范围内的社会劳动生产率的标准（统一标准），是公开的信息；而企业定额反映的是企业内部劳动生产率的标准（个体标准），属于商业秘密。企业定额只在企业内部使用，是企业生产力的标志。企业定额水平一般应高于国家现行定额，才能满足生产技术发展、企业管理和市场竞争的需要。

（5）补充定额：定额是一本书，一旦出版则不易更改，随着社会的不断发展，新技术、新工艺、新方法的不断涌现，重新出版定额是不现实的，这就需要用补充定额以文件或小册子的形式发布，补充定额与正式定额具有同等效力。例如，江苏省在 2014 年出版了《江苏省建筑与装饰工程计价定额》后，先后颁布了《江苏省建设工程费用定额》及《江苏省建设工程费用定额营改增后调整内容》等。

4）按专业性质分类

（1）建筑及装饰工程定额：适用于一般工业与民用建筑的新建、扩建、改建工程及其单独装饰工程。

（2）安装工程定额：适用于新建、扩建项目中的机械、电气、热力设备安装、炉窑砌筑工程，静置设备与工艺金属结构制作安装工程，工业管道工程，消防及安全防范设备安装工程，给水排水、采暖、燃气工程，通风空调工程，自动化控制仪表安装工程，刷油、防腐蚀、绝热工程。

（3）房屋修缮工程预算定额：适用于房屋修缮工程中电气照明、给水排水、卫生器具、采暖、通风空调等的拆除、安装、大中维修以及建筑面积在 300m² 以内的翻建、搭接、增层工程,不适用于新建、扩建工程以及单独进行的抗震加固工程。

（4）市政工程预算定额:适用于城镇管辖范围内的新建、扩建及大中修市政工程,不适用于市政工程的小修保养。

（5）仿古建筑及园林工程定额:适用于新建、扩建的仿古建筑及园林绿化工程,不适用于修缮、改建和临时性工程。

5）按定额的适用范围分类

按定额的适用范围,可以把定额分为全国通用定额、行业通用定额、专业专用定额。

3. 工程建设定额的特点

1）科学性

工程建设定额的科学性主要体现在以下三个方面。

（1）制定定额方面:尊重客观实际,力求定额水平合理。

（2）制定定额的技术方法方面:利用现代科学管理的成就,形成一套系统的、完整的、在实践中行之有效的方法。

（3）在定额制定和贯彻的一体化方面:制定提供了贯彻的依据,贯彻是为了实现管理的目标,也是对定额的信息反馈。

2）系统性

工程建设定额是相对独立的系统,它是由多种定额结合而成的有机的整体。它的结构复杂、层次分明、目标明确。工程建设定额的系统性是由工程建设的特点决定的。按照系统论的观点,工程建设就是庞大的实体系统。工程建设定额是为这个实体系统服务的。因此,工程建设本身的多种类、多层次,决定了以它为服务对象的工程建设定额的多种类、多层次。

3）统一性

工程建设定额的统一性,主要是由国家对经济发展的有计划的宏观调控职能决定的。为了使国民经济按照既定的目标发展,就需要借助某些标准、定额、参数等,对工程建设进行规划、组织、调节、控制。

工程建设定额的统一性按照其影响力和执行范围来看,有全国统一定额、地区统一定额和行业统一定额等;按照定额的制定、颁布和贯彻使用来看,有统一的程序、统一的原则、统一的要求和统一的用途。

4）指导性

工程建设定额指导性的客观基础是定额的可行性。只有可行性的定额才能正确地指导客观的交易行为。工程建设定额的指导性体现在两个方面:一是工程建设定额作为国家各地区和行业颁布定额的指导性依据,可以规范建设市场的交易行为,在具体的建设产品定价过程中也起到相应的参考性作用。同时,统一定额还可以作为政府投资项目定价及进行造价控制的重要依据;二是在现行的工程量清单计价方式下,体现交易双方自主定价的特点,承包商报价的主要依据是企业定额,但企业定额的编制和完善仍然离不开统一定额的指导。

5）稳定性和时效性

定额是对劳动生产率的反映,劳动生产率是变化的,因而定额也应有一定的时效性,但定额是一定时期技术发展和管理水平的反映,因此,在一段时间内应表现出稳定的状态。保持定额的稳定性是维护定额指导性所必需的,更是有效地贯彻定额所必需的。如果定额失去了稳定性,那么必然造成执行中的困难和混乱,容易造成定额指导性的丧失。如果工程建设定额不稳定,也会给定额的编制工作带来极大的困难,也就是说,稳定性是定额存在的前提,但同时定额肯定是有时效性的。

0.3.2 施工定额

施工定额和预算定额是目前使用较多的两种定额,作为一名优秀的造价人员,应该学会熟练地使用这两种定额。这两种定额反映了两种不同的劳动生产率水平:施工定额是企业定额,反映了企业施工的平均先进水平(平均先进水平是指在正常的施工条件下,大多数施工队组和生产者经过努力能够达到或超过的水平);预算定额是社会性定额,反映的是社会平均合理水平。使用施工定额和工人计价,预算定额和甲方计价,除可以获取预算定额水平的合理利润外,还可以获得两种定额水平差异的额外利润。

微课:施工定额

目前,相当多的施工企业缺乏自己的施工定额,这是施工管理的薄弱环节。施工企业应根据本企业的具体条件和可能挖掘的潜力,根据市场的需求和竞争环境,根据国家有关政策、法律和规范、制度,自己编制定额,自行决定定额的水平。同类企业和同一地区的企业之间存在施工定额水平的差距,这样,企业在建筑市场上才能具有竞争能力。同时,施工企业应将施工定额的水平对外作为商业秘密进行保密。

1. 人工消耗定额

人工消耗定额又称劳动消耗定额,是指在正常的技术条件、合理的劳动组织下,生产单位合格产品所消耗的合理活劳动时间,或者是活劳动一定的时间内所生产的合理产品数量。

1) 工人工作时间消耗的分类

工作时间指的是工作班延续时间(不包括午休)。

人工和机械是通过研究其消耗的时间来决定其价格,如果没有其他的规定,可以想象,大家在施工中都会喜欢"磨洋工"——只见时间消耗而不见产品产出。定额在这方面相当于给了一个标准:对应于每一个产品定额,给了对应的时间标准,完成了产品,也就获得了对应定额标准的相关费用。效率高,一天可以获得两天的费用;效率低,一天就只能获得半天的费用。

既然定额给了一个计时的标准,我们就需要了解哪些时间可以计价,哪些时间不能计价;对于可以计价的时间,哪些在定额里已经计算了,哪些没有计算。对于那些可以计价而定额没有计算的时间,在实际的施工中发生的,要及时以索赔的形式获得补偿。

工人在工作班内消耗的工作时间,按其消耗的性质,基本可以分为必须消耗的时间和损失的时间两类。必须消耗的时间是工人在正常施工条件下,为完成一定产品(工作任务)所消耗的时间,它是制定定额的主要根据。损失的时间是与产品生产无关,而与施工组织和技术上的缺点有关,与工人在施工过程中的个人过失或某些偶然因素有关的时间消耗。

工人工作时间的分类如图 0-9 所示。

(1) 必须消耗的时间包括有效工作时间、不可避免的中断时间和休息时间。

① 有效工作时间:是指从生产效果来看与产品生产直接有关的时间消耗,其中包括基本工作时间、辅助工作时间、准备与结束工作时间的消耗。这类时间消耗应该计价并在定额中已计算。

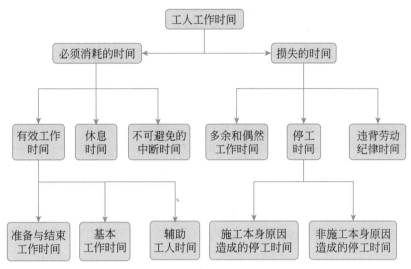

图 0-9　工人工作时间的分类图

基本工作时间:是指直接与施工过程的技术操作发生关系的时间消耗。通过基本工作,使劳动对象直接发生变化,可以使材料改变外形,如钢管煨弯;可以改变材料的结构和性质,如混凝土制品;可以使预制构件安装组合成型;可以改变产品的外部及表面的性质,如粉刷、油漆等。基本工作时间的消耗量与任务大小成正比。

辅助工作时间:是指与施工过程的技术操作没有直接关系的工序,为了保证基本工作的顺利进行而做的辅助性工作所需消耗的时间。辅助性工作不直接导致产品的形态、性质、结构或位置发生变化。例如,工具磨快、校正、小修、机械上油、移动合梯、转移工作地、搭设临时跳板等均属于辅助性工作。它的时间长短与工作量大小有关。

准备与结束工作时间:是指工人为加工一批产品、执行一项特定的工作任务,事前准备和事后结束工作所消耗的时间。准备与结束工作时间一般分为班内的准备与结束工作时间和任务内的准备与结束工作时间两种。班内的准备与结束工作,具有经常性每天的工作时间消耗之特性,如领取料具、工作地点布置、检查安全技术措施、调整和保养机械设备、清理工作地点、交接班等。任务内的准备与结束工作,是由工人接受任务的内容所决定,如接受任务书、技术交底、熟悉施工图纸等。准备与结束的工作时间与所担负的工作量大小无关,但往往与工作内容有关。

② 不可避免的中断时间:是指由于施工过程的技术操作或组织的、独有的特性而引起的不可避免的或难以避免的中断时间。其可分为与工艺有关的不可避免的中断时间和与工艺无关的不可避免的中断时间两类。

与工艺有关的不可避免的中断时间:如汽车司机在等待汽车装、卸货时消耗的时间,这种中断是由汽车装、卸货的工作特点决定的,应该计价,但在实际工作中应尽量缩短此类实际消耗。

与工艺无关的不可避免的中断时间:不是由工艺特点决定的,而是其他原因造成的。这部分时间在定额里没有考虑,原因是原因不明而无法计算。这部分时间可否计算,要具体分析时间损失的原因,如时间损失是由施工方自身的原因造成的(施工方有责任),则不可计价；如时间损失与施工方无关(施工方无责任并有损失)，则以索赔形式计价。

③ 休息时间：是指工人在工作过程中，为了恢复体力所必需的短时间的休息，以及工人由于生理上的要求所必须消耗的时间(如喝水、大小便等)。这种时间是为了保证工人精力充沛地进行工作，所以是包含在定额时间内的。休息时间的长短与劳动强度、工作条件、工作性质有关。劳动强度大、劳动条件差，则休息时间要长。

(2) 损失的时间包括多余与偶然工作时间、停工时间、违背劳动纪律的时间。

① 多余与偶然工作时间：包括多余工作引起的时间损失和偶然工作引起的时间损失两种情况。

多余工作是指工人进行的任务以外的而又不能增加产品数量的工作。对产品计价有一个重要的前提——合格产品，不合格产品是不计价的。

【例 0-5】 某工人砌墙 $2m^3$，经验收不合理，推倒重砌，第二次验收合格，项目经理只认可 $2m^3$ 的砌墙工作量，是否合理？为什么？

偶然工作是指工人在计划任务之外进行的零星的偶然发生的工作。

例如，在施工合同中，土建施工单位不承建电缆的施工工作，但在实际施工中，甲方要求土建施工单位配合电缆施工单位在构件上开槽，这种工作在当初的合同中是没有的(计划任务之外)，且是偶然发生的(甲方要求)、零星的(工作量不大)。由于这种工作能产生产品，也应计价，但不适合用定额计价(人工降效严重)，实际发生时，采用索赔形式计价较为合理。

② 停工时间：是工作班内停止工作所发生的时间损失。停工时间按其性质可分为施工本身原因造成的停工时间和非施工本身原因造成的停工时间。施工本身原因，即施工方有责任，不计价；非施工本身原因，即施工方无责任、有损失，应以索赔的形式计价。

③ 违背劳动纪律的时间：是指工人不遵守劳动纪律而造成的时间损失，如迟到早退、擅自离开工作岗位、工作时间内聊天、办私事，以及个别工人违反劳动纪律而使别的工人无法工作的时间损失。这种时间损失不应存在，也不应计价。

【例 0-6】 对某施工队浇捣混凝土的时间进行定额测定，经过 1d(8h)的跟踪测定，整理数据如下：基本工作时间为 4h，辅助工作时间为 1.25h，准备与结束工作时间为 0.25h，休息时间为 0.75h，多余工作时间为 1h，违背劳动纪律时间为 0.75h，计算该工序的定额时间。

【例 0-7】　施工单位施工中,由于机械损坏引起机械停工,该机械停工时间能否计价,说明原因。

_____

_____

_____

_____

_____

　　2) 时间定额与产量定额

　　(1) 时间定额。时间定额是指生产单位合格产品所消耗的工日数。对于人工而言,工分指 1min,工时指 1h,而工日则代表 1d(以 8h 计)。也就是说,时间定额规定了生产单位产品所需要的工日标准。

【例 0-8】　对一工人挖土的工作进行定额测定,该工人经过 3d 的工作(其中,4h 为损失的时间),挖了 25m³ 的土方,计算该工人的时间定额。

_____

_____

_____

_____

_____

【例 0-9】　对一 3 人小组进行砌墙施工过程的定额测定,3 人经过 3d 的工作,砌筑完成 8m³ 的合格墙体,计算该组工人的时间定额。

_____

_____

_____

_____

_____

　　(2) 产量定额。产量定额与时间定额同为定额(标准),只不过角度不同。时间定额规定的是生产产品所需的时间,而产量定额正好相反,它规定的是单位时间生产产品的数量。

【例 0-10】　对一工人挖土的工作进行定额测定,该工人经过 3d 的工作(其中,4h 为损失的时间),挖了 25m³ 的土方,计算该工人的产量定额。

_____

_____

_____

_____

_____

从时间定额和产量定额的定义可以看出,两者互为倒数关系。

【例 0-11】 对一 3 人小组进行砌墙施工过程的定额测定,3 人经过 2d 的工作(其中损失 4h 时间),砌筑完成 8m³ 的合格墙体,计算该组工人的时间定额和产量定额。

3) 劳动定额的制定方法

(1) 技术测定法。技术测定法是最基本的方法,也是此前一直介绍的方法,即通过测定定额的方法,可以用工作日写实法,也可以用测时法和写实记录法,形成定额时间,然后将这段时间内生产的产品进行记录,建立起时间定额或产量定额。

这种方法看起来很简单,但存在一个定额水平的问题,也就是说,定额的测定不可能是一个个体水平,而必须是一个群体水平的反映。既然是群体,那么一个定额子目就必须测若干个对象才能获得真正意义上科学的消耗量。由此带来的问题是费时、费力、费钱,为了使得测定的定额时间逼近实际值,一个对象往往要测定 8~10 次,因此,除此之外,还有一些较简便的定额测定法。

(2) 比较类推法。对于一些类型相同的项目,可以采用该方法来测定定额。方法是取其中之一为基本项目,通过比较其他项目与基本项目的不同来推得其他项目的定额。但这种方法要注意基本项目一定要选择恰当,结果要进行一些微调。

(3) 统计分析法。统计分析法与技术测定法很相似,不同的是,技术测定法有意识地在某一段时间内对工时消耗进行测定,一次性投入较大;而统计分析法采用的是细水长流的方法,让施工单位在其施工过程中建立起数据采集的制度,然后根据积累的数据获得工时消耗。

(4) 经验估计法。技术测定法测定的是按价值观点确定的价格。一般情况下是科学的,但遇到新技术、新工艺就会出现问题。新技术、新工艺在一开始出现的时候,拥有该技术的人或单位对该技术占据垄断地位,因此,是不可能同意按照正常情况下的定额测定来计价的。因此,这种情况下就要用到经验估计法了。

经验估计法的特点是完全凭借个人的经验,邀请一些有富经验的技术专家、施工工人参加,通过对图纸的分析、现场的研究来确定工时消耗。

按照上述特点可以看出,经验估计法准确度较低(相对于价值而言,价格偏高)。因此,采用经验估计法获得的定额必须及时通过实践检验,如实践检验不合理,应及时修订。

2. 材料消耗定额

材料消耗定额是指在正常的技术条件、合理的劳动组织下生产单位合格产品所消耗的合理的品种、规格的建筑材料(包括半成品、燃料、配件、水、电等)的数量。

材料消耗定额是编制材料需用量计划、运输计划、供应计划,计算仓库面积、签发限额领料单和经济核算的根据。

根据材料消耗的情况,可以将材料分为非周转性材料(直接性材料)和周转性材料(措施性材料)。这两种材料的消耗量的计算方法是不同的,在计价中的地位也不一样。直接性材料是不允许随意让利的,而措施性材料可以随意让利。

1) 非周转性材料消耗

非周转性材料是指在建筑工程施工中,一次性消耗并直接构成工程实体的材料。例如,砖、钢筋、水泥等。非周转性材料消耗组成如图 0-10 所示。

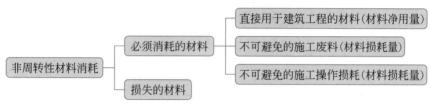

图 0-10 非周转性材料消耗组成

直接用于建筑工程的材料:直接转化到产品中的材料,应计入定额;

不可避免的施工废料:如加工制作中的合理损耗;

不可避免的施工操作损耗:场内运输、场内堆放中的材料损耗,由于不可避免,应计入定额。

$$材料消耗量 = 材料净用量 + 材料损耗量 \tag{0-21}$$

$$材料损耗率 = \frac{材料损耗量}{材料净用量} \times 100\% \tag{0-22}$$

则

$$材料损耗量 = 材料净用量 \times (1 + 材料损耗率) \tag{0-23}$$

非周转性材料消耗定额的制定方法如下。

材料消耗定额编制的方法有现场观测法、试验室试验法、统计分析法和理论计算法等。接下来主要介绍理论计算法。

理论计算法是根据设计图纸、施工规范及材料规格,运用一定的理论计算公式制定材料消耗定额的方法,主要适用于计算按件论块的现成制品材料。例如,砖石砌体、装饰材料中的砖石、镶贴材料等。其计算方法比较简单,先计算出材料的净耗量,再计算出材料的损耗量,然后将两者相加,即为材料消耗定额。

(1) 每立方米砖砌体材料消耗量的计算公式如下:

$$\left.\begin{array}{l} 砖净用量(块) = \dfrac{1}{(砖长 + 灰缝) \times (砖宽 + 灰缝) \times (砖厚 + 灰缝)} \\ 砖消耗量 = 砖净用量 \times (1 + 损耗率) \\ 砂浆净用量(m^3) = 1 - 砖净用量 \times 每块砖体积 \\ 砂浆消耗量 = 砂浆净用量 \times (1 + 损耗率) \end{array}\right\} \tag{0-24}$$

【例 0-12】 用黏土实心砖(240mm × 115mm × 53mm)砌筑 1m³ 一砖厚内墙,灰缝 10mm,计算所需砖、砂浆定额用量(砖、砂浆损耗率均按 1%计算)。

_____

_____

_____

【分析】 ①墙厚对应砖数指的是墙厚对应于砖长的比例关系。以黏土实心砖（240mm×115mm×53mm）为例，墙厚对应砖数见表0-4。

表0-4 墙厚对应砖数表

墙厚对应砖数	$\frac{1}{2}$	$\frac{3}{4}$	1	$1\frac{1}{2}$	2
墙厚/m	0.115	0.178	0.24	0.365	0.49

② 砖墙体积由砖与灰缝共同占据，没有灰缝，用砖墙体积除以一块砖的体积即可获得砖净用量；有灰缝，用砖墙体积除以扩大的一块砖体积获得砖净用量。

（2）100m² 块料面层材料消耗量计算公式如下：

$$无嵌缝块料面层材料消耗量 = \frac{100}{块料长 \times 块料宽} \times (1 + 损耗率) \tag{0-25}$$

$$有嵌缝块料面层材料消耗量 = \frac{100}{(块料长 + 灰缝) \times (块料宽 + 灰缝)} \times (1 + 损耗率)$$

(0-26)

【例0-13】 某办公室地面净面积为 100m²，拟粘贴 300mm×300mm 的地砖（灰缝）2mm，计算地砖定额消耗量（地砖损耗率按 2%计算）。

_____

_____

_____

_____

【分析】 地面面积由地砖和灰缝共同占据。没有灰缝，用地面面积直接除以一块地砖的面积，即可获得地砖净用量；有灰缝，用地面面积除以扩大的一块地砖面积，可获得地砖净用量。

2）周转性材料消耗定额

周转性材料是指在施工过程中能多次使用、周转的工具型材料，如各种模板、活动支架、脚手架、支撑等。

周转性材料消耗定额应当按照多次使用、分期摊销的方式进行计算，即周转性材料在材料消耗定额中，以摊销量表示。按照周转材料的不同，摊销量的计算方法不一样，主要有周转摊销和平均摊销两种，对于易损耗材料（现浇构件木模板）采用周转摊销，而损耗小的材料（定型模板、钢材等）采用平均摊销。

现浇构件木模板消耗量计算方法如下。

（1）材料一次使用量：是指周转性材料在不重复使用条件下的第一次投入量，相当于非周转性消耗材料中的材料用量。通常根据选定的结构设计图纸进行计算。其计算公式如下：

$$一次使用量 = 混凝土和模板接触面积 \times 每1m^2接触面积模板用量$$
$$\times (1 + 模板制作安装损耗率) \qquad (0\text{-}27)$$

（2）投入使用总量：由于现浇构件木模板的易耗性，在第一次投入使用结束后（拆模），就会产生损耗，还能用于第二次的材料量小于第一次的材料量，为了便于计算，我们考虑每一次周转的量都与第一次量相同，这就需要在每一次周转时补损，补损的量为损耗掉的量，一直补损到第一次投入的材料消耗完为止。补损的次数与周转次数有关，应等于周转次数减1。

周转次数是指周转材料从第一次使用起可重复使用的次数。一般采用现场观测法或统计分析法来测定材料周转次数，或查相关手册。

$$投入使用总量 = 一次使用量 + 一次使用量 \times (周转次数 - 1) \times 补损率 \qquad (0\text{-}28)$$

（3）周转使用量：不考虑其余因素，按投入使用总量计算每次周转使用量。其计算公式如下：

$$周转使用量 = \frac{投入使用总量}{周转次数}$$
$$= \frac{一次使用量 + 一次使用量 \times (周转次数 - 1) \times 补损率}{周转次数}$$
$$= 一次使用量 \times \frac{1 + (周转次数 - 1) \times 补损率}{周转次数} \qquad (0\text{-}29)$$

（4）材料回收量：是指在一定周转次数下，每周转使用一次平均可以回收材料的数量其计算公式如下：

$$回收量 = \frac{一次使用量 - 一次使用量 \times 补损率}{周转次数}$$
$$= 一次使用量 \times \frac{1 - 补损率}{周转次数} \qquad (0\text{-}30)$$

（5）摊销量：是指周转性材料在重复使用的条件下，一次消耗的材料数量。其计算公式如下：

$$摊销量 = 周转使用量 - 回收量 \qquad (0\text{-}31)$$

【例0-14】　按某施工图计算一层现浇混凝土柱接触面积为160m²，混凝土构件体积为20m³，采用木模板，每平方米接触面积需模板量1.1m²，模板施工制作安装损耗率为5%，周转补损率为10%，周转次数为8次，计算所需模板单位面积、单位体积摊销量。

3. 机械消耗定额

施工机械消耗定额是指在正常的技术条件、合理的劳动组织下生产单位合格产品所消耗的合理的机械工作时间,或者是机械工作一定的时间所产生的合理产品数量。

1) 机械工作时间消耗的分类

在机械化施工过程中,对工作时间消耗的分析和研究,除要对工人工作时间的消耗进行分类研究之外,还需要分类研究机械工作时间的消耗。

机械工作时间的消耗和工人工作时间的消耗虽然有很多共同点,但也有其自身特点。机械工作时间的消耗按其性质分类如图 0-11 所示。

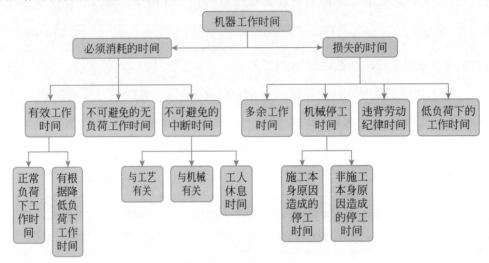

图 0-11　机械工作时间分类图

机械在工作班内消耗的工作时间,按其消耗的性质分为必须消耗的时间和损失的时间两类。

(1) 必须消耗的时间包括有效工作时间、不可避免的中断时间和不可避免的无负荷工作时间。必须消耗的机械工作时间全部计入定额。

① 有效工作时间包括正常负荷下工作时间和有根据降低负荷下工作时间。

正常负荷下工作时间是指机械在与机械说明书规定的负荷相符的正常负荷下进行工作的时间。

有根据降低负荷下工作时间是指在个别情况下由于技术上的原因,机械在低于额定功率、额定吨位下工作的时间。例如,卡车有额定吨位,但由于卡车运送的是泡沫塑料,虽然卡车已装满,但仍未达到额定吨位,这种时间消耗属于有根据降低负荷下的工作时间。

② 不可避免的中断时间是指由于施工过程的技术操作和组织的特性而造成的机械工作中断时间。其包括与工艺有关的不可避免的中断时间、与机械有关的不可避免的中断时间和工人休息时间。

与工艺有关的不可避免的中断时间有循环的和定期的两种。循环的不可避免的中断时间,在机械工作的每一个循环中重复一次,如汽车装货和卸货时的停车;定期的不可避免的中断时间,经过一定时期重复一次,如喷浆器喷白,从一个工作地点转移到另一个工作地点时,喷浆器工作的中断时间。

与机械有关的不可避免的中断时间是指使用机械工作的工人在准备与结束工作时,使机械暂停的中断时间;或者在维护保养机械时,必须使其停转所发生的中断时间。前者属于准备与结束工作的不可避免的中断时间;后者属于定期的不可避免的中断时间。

工人休息时间是指工人必需的休息时间,即不可能利用机械的其他不可避免的停转空闲机会进行,而且组织轮班又不方便的时候所引起的机械工作中断时间。

③ 不可避免的无负荷工作时间是指由于施工过程的特性和机械结构的特点,所造成的机械无负荷工作时间。其一般分为循环的和定期的两种。

循环的不可避免的无负荷时间是指由于施工过程的特性所引起的空转所消耗的时间。它在机械工作的每一个循环中重复一次,如铲运机回到铲土地点。

定期的不可避免的无负荷时间主要是指发生在运货汽车或挖土机等工作中的无负荷时间。例如,汽车运输货物时,汽车必须首先放空车过来装货。

(2) 损失的时间包括多余工作时间、机械停工时间、违背劳动纪律时间和低负荷下的工作时间。

① 多余工作时间:是机械进行任务内和工艺过程内未包括的工作而延续的时间。如搅拌机搅拌混凝土,按规定 90s 出料,由于工人责任心不足,搅拌 120s 才出料,多搅拌的 30s 属于多余工作时间,不应计价。

② 机械停工时间:按其性质也可分为施工本身原因造成的停工和非施工本身原因造成的停工。施工本身原因造成的停工,是指由于施工组织不当而引起的机械停工时间,如未能及时供给机械用水、燃料和润滑油,以及机械损坏等所引起的机械停工时间。这种情况施工方有责任,不予计价;非施工本身原因造成的停工,是指由于外部的影响而引起的机械停工时间,如水源、电源中断(不是由于施工的原因),以及气候条件(暴雨、冰冻等)的影响而引起的机械停工时间。这种情况施工方无责任,可以计价(现场索赔)。

③ 违背劳动纪律时间:机械当然不可能违背劳动纪律,违背劳动纪律时间指的是操作机械的人违背劳动纪律,人违背了劳动纪律,机械也就停止了工作,这种时间的损失是不可以计价的。

④ 低负荷下的工作时间:是由于工人或技术人员的过错所造成的施工机械在降低负荷情况下工作的时间。例如,卡车的额定吨位是 6t/车,现在有 60t 石要运输,正常情况下需要运 10 车,但由于工人的上料责任心不足,每次上到 5t/车就让车子走了,这样就需要运 12 车,这多运的 2 车时间就属于低负荷下的工作时间损失,是不可以计价的。

【例 0-15】 某市出租车公司提议:当出租车低速(时速小于 12km) 行驶时,每行驶 2.5min 加收 1 元钱,遇红灯等待每 2.5min 加收 1 元钱。根据定额原理说明该提议是否合理? 为什么?

【例 0-16】 某建筑工地联系了一辆卡车,准备将场内垃圾运到垃圾场,卡车到达后,因情况有变,暂不需要使用卡车,因此要求卡车回程,卡车司机要求支付一定的费用,工地负责人认为卡车没有运垃圾,不肯支付费用。问:卡车司机的要求是否合理?为什么?

_____

_____

_____

_____

2)时间定额与产量定额

时间定额是指生产单位合格产品所消耗的机械台班数。对于机械而言,1个台班代表1d(以8h计)。

产量定额是指在正常的技术条件、合理的劳动组织下,每一个机械台班时间所产生的合格产品的数量。

3)施工机械消耗定额的编制方法

施工机械消耗定额的编制方法只有技术测定法。根据机械是循环动作还是非循环动作,其测定的思路是不同的。

(1)循环动作机械消耗定额。

① 选择合理的施工单位、工人班组、工作地点及施工组织。

② 确定机械纯工作1h的正常生产率。

$$机械纯工作1h正常循环次数 = 3600s ÷ 一次循环的正常延续时间 \qquad (0\text{-}32)$$

$$机械纯工作1h正常生产率 = 机械纯工作1h正常循环次数 × 一次循环生产的产品数量 \qquad (0\text{-}33)$$

③ 确定施工机械的正常利用系数。机械工作与工人工作相似,除基本工作时间(纯工作时间)外,还有准备与结束工作、辅助工作等定额包含的时间,考虑机械正常利用系数是将计算的纯工作时间转化为定额时间。

$$机械正常利用系数 = 机械在一个工作班内纯工作时间 ÷ 一个工作班延续时间(8h) \qquad (0\text{-}34)$$

④ 施工机械消耗定额。

$$
\begin{aligned}
施工机械台班定额 &= 机械纯工作1h正常生产率 × 工作班纯工作时间 \\
&= 机械纯工作1h正常生产率 × 工作班延续时间 \\
&\quad × 机械正常利用系数
\end{aligned} \qquad (0\text{-}35)
$$

【例 0-17】 一斗容量为 $1m^3$ 的正铲挖土机挖土,每次作业循环延续时间为 46.7s,土斗的充盈系数为1,一个工作班的纯工作时间为6h,计算该正铲挖土机的正常利用系数和产量定额。

_____

_____

_____

_____

【例 0-18】　某载重汽车进行循环装、卸货工作,装货点和卸货点距离为 15km,平均行驶速度(重车与返回空车速度的平均值)为 60km/h,装车、卸车和等待时间分别为 15min、10min 和 5min,汽车额定平均装载量为 5t,载重汽车的时间利用系数为 0.8,计算该载重汽车的产量定额。

(2) 非循环动作机械消耗定额。

① 选择合理的施工单位、工人班组、工作地点及施工组织。

② 确定机械纯工作 1h 的正常生产率。

$$机械纯工作 1h 正常生产率 = 工作时间内完成的产品数量 \div 工作时间(h) \quad (0\text{-}36)$$

③ 确定施工机械的正常利用系数。

$$机械正常利用系数 = 机械在一个工作班内纯工作时间 \div 一个工作班延续时间(8h) \quad (0\text{-}37)$$

$$\begin{aligned}施工机械台班定额 &= 机械纯工作 1h 正常生产率 \times 工作班纯工作时间 \\ &= 机械纯工作 1h 正常生产率 \times 工作班延续时间 \\ &\quad \times 机械正常利用系数 \end{aligned} \quad (0\text{-}38)$$

【例 0-19】　采用一液压石破碎机破碎混凝土,现场观测机器工作了 2h,完成了 56m³ 混凝土的破碎工作,一个工作班的纯工作时间为 4h,计算该压岩石破碎机的正常利用系数和产量定额。

0.3.3　预算定额

预算定额是规定在正常的施工条件、合理的施工工期、施工工艺及施工组织条件下,消耗在合格质量的分项工程产品上的人工、材料、机械台班的数量及单价的社会平均水平标准。

微课:预算定额

江苏省预算定额为《江苏省建筑与装饰工程计价定额》(2014 年版)。

预算定额是编制工程招标控制价(最高投标限价)的依据,是编制工程标底、结算审核的指导,是工程投标报价、企业内部核算、制定企业定额的参考,是编制建筑工程概算定额的依据,是建设行政主管部门调解工程价款争议、合理确定工程造价的依据。

1. 预算定额中人工费的确定

人工费是指按工资总额构成规定,支付给从事建筑安装工程施工的生产工人和附属生产单位工人的各项费用,采用人工工日消耗量乘以人工工日单价的形式进行计算。

1) 人工工日消耗量的确定

人工的工日数有两种确定方法,一种是以劳动定额为基础确定(本节介绍的方法);另一种是以现场观察测定资料为基础计算。

预算定额中人工工日消耗量由分项工程所综合的各个工序劳动定额包括的基本用工、其他用工两部分组成。

(1) 基本用工是完成定额计量单位的主要用工。按工程量乘以相应劳动定额计算,是以施工定额子目综合扩大而得的。其计算公式如下:

$$基本用工 = \sum(综合取定的工程量 \times 劳动定额) \tag{0-39}$$

(2) 其他用工通常包括超运距用工、辅助用工和人工幅度差三部分内容。

① 超运距用工:在定额用工中已考虑将材料从仓库或集中堆放地搬运至操作现场的水平运输用工。劳动定额综合按 50m 运距考虑,而预算定额是按 150m 考虑的,增加的 100m 运距用工在预算定额中有而劳动定额中没有。其计算公式如下:

$$超运距用工 = \sum(超运距材料数量 \times 超运距劳动定额) \tag{0-40}$$

需要指出的是,当实际工程现场运距超过预算定额取定运距时,可另行计算现场二次搬运费。

② 辅助用工:是指技术工种劳动定额内未包括而在预算定额内又必须考虑的用工。例如,机械土方工程配合用工,材料加工(筛砂、洗石、淋化石膏)用工,电焊点火用工等。其计算公式如下:

$$辅助用工 = \sum(材料加工数量 \times 相应的加工劳动定额) \tag{0-41}$$

③ 人工幅度差:是指在劳动定额中未包括而在正常施工情况下不可避免但又很难精确计算的用工和各种工时损失。例如,各工种之间的工序搭接及交叉作业相互配合或影响所发生的停歇用工;施工机械在单位工程之间转移及临时水电线路移动所造成的停工;质量检查和隐蔽工程验收工作的时间;班组操作地点转移用工;工序交接时,后一工序对前一工序不可避免地修整用工;施工中不可避免的其他零星用工。其计算公式如下:

$$人工幅度差 = (基本用工 + 超运距用工 + 辅助用工) \times 人工幅度差系数 \tag{0-42}$$

其中,人工幅度差系数一般为 10%~15%。

【例 0-20】 某砌筑工程,工程量为 $10m^3$,每立方米砌体要基本用工 0.85 工日,辅助用工和超运距用工分别是基本用工的 25% 和 15%,人工幅度差系数为 10%,计算该砌筑工程的人工工日消耗量。

2) 人工工日单价的确定

（1）人工工日单价的组成。在前面建筑安装工程费中已经讲过，人工工日单价包括计时工资或计件工资、奖金、津贴补贴、加班加点工资、特殊情况下支付的工资等。

（2）人工工日单价的确定。以 2014 版《江苏省筑与装饰工程计价定额》为例，一类工为85.00 元/工日，二类工为 82 元/工日，三类工为 77 元/工日。随着生产力的不断发展，定额中的单价将不能反映市场的实际价格情况。各地的造价管理机构会以文件的形式下发最新人工单价指导标准。

以江苏省为例，根据《关于对建设工程人工工资单价实行动态管理的通知》（苏建价〔2012〕633 号文），江苏省住房和城乡建设厅组织各市测算了建设工程人工工资指导价，以苏建函价〔2021〕379 号文形式予以发布，规定从 2021 年 9 月 1 日起执行，表 0-5 中对应人工工日单价。

表 0-5　江苏省建设工程人工工资指导价　　　　　单位：元/工日

序号	地区	工 种		建筑工程	装饰工程	安装、市政工程	修缮加固工程	城市轨道交通工程	古建园林工程			机械台班	点工
									第一册	第二册	第三册		
1	南京市	包工包料工程	一类工	116	116～151	104	103	112	100	115	97	112	127
			二类工	112		100							
			三类工	103		95							
		包工不包料工程		147	151～181	133	141	147	137	150	137		
2	无锡市	包工包料工程	一类工	116	116～151	104	103	112	100	115	97	112	127
			二类工	112		100							
			三类工	103		95							
		包工不包料工程		147	151～181	133	141	147	137	150	137		
3	徐州市	包工包料工程	一类工	115	114～148	103	101	110	99	114	95	112	123
			二类工	110		99							
			三类工	101		93							
		包工不包料工程		146	148～179	132	137	146	134	147	135		
4	常州市	包工包料工程	一类工	116	116～151	104	103	112	100	115	97	112	127
			二类工	112		100							
			三类工	103		95							
		包工不包料工程		147	151～181	133	141	147	137	150	137		

续表

序号	地区	工 种		建筑工程	装饰工程	安装、市政工程	修缮加固工程	城市轨道交通工程	古建园林工程			机械台班	点工
									第一册	第二册	第三册		
5	苏州市	包工包料工程	一类工	118	118~154	108	104	114	101	116	98	112	128
			二类工	114		101							
			三类工	104		96							
		包工不包料工程		150	154~185	136	142	150	139	151	139		
6	南通市	包工包料工程	一类工	115	115~150	104	103	111	99	114	96	112	126
			二类工	111		99							
			三类工	103		95							
		包工不包料工程		147	150~180	132	139	147	135	148	135		
7	连云港市	包工包料工程	一类工	115	114~148	103	101	110	99	114	95	112	123
			二类工	110		99							
			三类工	101		93							
		包工不包料工程		146	148~179	132	137	146	134	147	135		
8	淮安市	包工包料工程	一类工	115	114~148	103	101	110	99	114	95	112	123
			二类工	110		99							
			三类工	101		93							
		包工不包料工程		146	148~179	132	137	146	134	147	135		
9	盐城市	包工包料工程	一类工	115	114~148	103	101	110	99	114	95	112	123
			二类工	110		99							
			三类工	101		93							
		包工不包料工程		146	148~179	132	137	146	134	147	135		
10	扬州市	包工包料工程	一类工	115	115~150	104	103	111	99	114	96	112	126
			二类工	111		99							
			三类工	103		95							
		包工不包料工程		147	150~180	132	139	147	135	148	135		
11	镇江市	包工包料工程	一类工	115	115~150	104	103	111	99	114	96	112	126
			二类工	111		99							
			三类工	103		95							
		包工不包料工程		147	150~180	132	139	147	135	148	135		

续表

序号	地区	工 种		建筑工程	装饰工程	安装、市政工程	修缮加固工程	城市轨道交通工程	古建园林工程			机械台班	点工
									第一册	第二册	第三册		
12	淮安市	包工包料工程	一类工	115	115～150	104	103	111	99	114	96	112	126
			二类工	111		99							
			三类工	103		95							
		包工不包料工程		147	150～180	132	139	147	135	148	135		
13	宿迁市	包工包料工程	一类工	115	114～148	103	101	110	99	114	95	112	123
			二类工	110		99							
			三类工	101		93							
		包工不包料工程		146	148～179	132	137	146	134	147	135		

2. 预算定额中材料费的确定

材料费是指施工过程中耗费的原材料、辅助材料、构配件、零件、半成品或成品、工程设备的费用,采用材料消耗量乘以材料预算单价的形式进行计算。

1) 材料消耗量的确定

预算定额中材料也分为非周转性材料和周转性材料。

与施工定额相似,非周转性材料消耗量也是净用量加损耗量,损耗量还是采用净用量乘以损耗率的方式获得,计算的方式和施工定额完全相同,唯一可能存在差异的是损耗率的大小,施工定额是平均先进水平,损耗率应较低,预算定额平均合理水平,损耗率较施工定额稍高;周转性材料的计算方法也与施工定额相同,存在的差异中,一个是损耗率,另一个是周转次数。

预算定额中材料消耗量的计算方法主要有计算法、换算法、测定法等。

2) 材料预算单价的确定

材料预算单价由以下内容组成。

(1) 材料原价,是指材料、工程设备的出厂价格或商家供应价格。在预算定额中,材料购买只有一种来源的,这种价格就是材料原价。材料的购买有几种来源的,按照不同来源加权平均后获得定额中的材料原价。其计算公式如下:

$$材料原价总值 = \sum (各次购买量 \times 各次购买价) \tag{0-43}$$
$$加权平均原价 = 材料原价总值 \div 材料总量 \tag{0-44}$$

(2) 运杂费,是指材料、工程设备自来源地运至工地仓库或指定堆放地点所发生的全部费用;要了解运杂费,首先要了解材料预算价格所包含的内容。材料预算价格指的是从材料购买地开始一直到施工现场的集中堆放地或仓库之后出库的费用。材料原价只是材料的购买价,材料购买后需要装车运到施工现场,到现场之后需要卸下材料,堆放在某地点或仓库。从购买地到施工现场的费用为运输费,装车(上力)、下材料(下力)运至集中地或仓库的费用为杂费。

（3）运输损耗费，是指材料在运输装卸过程中不可避免的损耗。

（4）采购及保管费，是指为组织采购、供应和保管材料、工程设备过程中所需要的各项费用，包括采购费、仓储费、工地保管费、仓储损耗费。

采购费与保管费是按照材料到库价格（材料原价＋材料运杂费＋运输损耗费）的费率进行计算的。江苏省规定：采购、保管费费率各为 1%。

$$材料预算单价＝材料原价＋运杂费＋运输损耗费＋采购及保管费 \quad (0\text{-}45)$$

$$材料预算单价＝（材料原价＋运杂费）×（1＋运输损耗率）×（1＋采购保管费费率） \quad (0\text{-}46)$$

【例 0-21】 某施工队为某工程施工购买水泥，从甲单位购买 200t 水泥，单价为 280 元/t；从乙单位购买 300t 水泥，单价为 260 元/t；从丙单位第一次购买 500t 水泥，单价为 240 元/t，第二次购买 500t 水泥，单价为 235 元/t（这里的单价均指材料原价）。采用汽车运输，甲地距工地 40km，乙地距工地 60km，丙地距工地 80km，根据该地区公路运价标准：汽运货物运费为 0.4 元/(t·km)，装、卸费各为 10 元/t，运输损耗率为 1%。求此水泥的预算单价。

_____

_____

_____

_____

_____

【分析】 由于该施工队在一项工程上所购买的水泥价格有几种，因此可采用加权平均的方法将其转化为一个价格来计算，再根据预算价格的组成形成该水泥的预算价格。

3. 预算定额中施工机具使用费的确定

施工机具使用费是指施工作业所发生的施工机械、仪器仪表使用费或其租赁费，包括施工机械使用费和仪器仪表使用费。两部分施工机械使用费以施工机械台班耗用量乘以施工机械台班单价表示。

1）预算定额机械台班量

预算定额中的机械台班消耗量的确定有两种方法，一种是以施工定额为基础确定（本节介绍的方法）；另一种是以现场测定资料为基础确定。

（1）预算定额机械台班量。

① 基本机械台班，是指完成定额计量单位的主要台班量。按工程量乘以相应机械台班定额计算，相当于施工定额中的机械台班消耗量。其计算公式如下：

$$基本机械台班＝\sum（各工序实物工程量×相应的施工机械台班定额） \quad (0\text{-}47)$$

② 机械台班幅度差，是指在基本机械台班中未包括而在正常施工情况下不可避免但又很难精确计算的台班用量。例如，正常施工组织条件下不可避免的机械空转时间；施工技术原因的中断及合理的停滞时间；因供电供水故障及水电线移动检修而发生的运转中断时间；配合机械施工的工人因与其他工种交叉造成的间歇时间等。

大型机械幅度差系数如下：土方机械为 25％，打桩机械为 33％，吊装机械为 30％。砂浆、混凝土搅拌机由于按小组配用，以小组产量计算机械台班产量，不另增加机械幅度差系数。其他分部工程，如钢筋加工、木材、水磨石等各项专用机械的幅度差系数为 10％。

综上所述，预算定额的机械台班消耗量按下式计算：

$$预算定额机械台班量 = 基本机械台班 \times (1 + 机械幅度差系数) \qquad (0\text{-}48)$$

（2）停置台班量的确定。

机械台班消耗量中已经考虑了施工中合理的机械停置时间和机械的技术中断时间，但特殊原因造成机械停置，可以计算停置台班。也就是说，在计取了定额中的台班量之后，当发生某些特殊情况（如图纸变更）造成机械停置后，施工单位有权另外计算停置台班量，按实际停置的天数计算。

注意： 台班是按 8h 计算的，一天 24h，机械工作台班一天最多可以计算 3 个，但停置台班一天只能计算 1 个。

2）施工机械台班单价的组成

在前面建筑安装工程费中已经讲过，施工机械台班单价由折旧费、大修理费、经常修理费、安拆费及场外运费、人工费、燃料动力费及其他费用等组成。

项目小结

本章主要介绍了工程造价的概念、构成及计价依据等，包括以下内容。

（1）工程造价的含义、特点及造价管理的内容。

（2）工程造价行业相关介绍以及造价工程师的考试制度、注册制度、执业制度。

（3）我国现行建设项目总投资的构成及计算。

（4）施工定额中人工、材料、机械消耗量及预算定额中人工、材料、机械消耗量与单价的确定。

【学习笔记】

练 一 练

一、单项选择题

1. 工程造价的第一种含义是从（　　　）角度定义的。

    A. 建筑安装工程 　　　　　　　　　　B. 建筑安装工程承包商

    C. 设备供应商 　　　　　　　　　　　D. 建设项目投资者

2. 工程之间千差万别,在用途、结构、造型、坐落位置等方面都有很大的不同,这体现了工程造价（　　　）的特点。

    A. 动态性 　　　　　　　　　　　　　B. 个别性和差异性

    C. 层次性 　　　　　　　　　　　　　D. 兼容性

3. 在进口设备运杂费中,运输费的运输区间是指（　　　）。

    A. 出口国供货地至进口国边境港口或车站

    B. 出口国的边境港口或车站至进口国的边境港口或车站

    C. 进口国的边境港口或车站至工地仓库

    D. 出口国的边境港口或车站至工地仓库

4. 某项目进口一批工艺设备,抵岸价为 1792.19 万元,其银行财务费为 4.25 万元,外贸手续费为 18.9 万元,关税税率为 20%,增值税税率为 17%,该批设备无消费税,则该批进口设备的到岸价为（　　　）万元。

    A. 1045 　　　　　B. 1260 　　　　　C. 1291.27 　　　　　D. 747.19

5. 某项目建设期总投资为 1500 万元,项目建设前期年限为 1 年,建设期 2 年,第 2 年计划投资 40%,年价格上涨率为 3%,则第 2 年的涨价预备费是（　　　）万元。

    A. 54 　　　　　B. 18 　　　　　C. 46.02 　　　　　D. 36.54

6. 某个新建项目,建设期为 3 年,分年均衡进行贷款,第一年贷款 4000000 元,第二年贷款 5000000 元,第三年贷款 4000000 元,贷款年利率为 10%,建设期内利息只计息不支付,则建设期贷款利息为（　　　）万元。

    A. 277.4 　　　　　B. 205.7 　　　　　C. 521.897 　　　　　D. 435.14

7. 工程定额中基础性定额是（　　　）。

    A. 概算定额 　　　　B. 预算定额 　　　　C. 施工定额 　　　　D. 概算指标

8. 已知某挖土机挖土的一个工作循环需 2min,每循环一次挖土 $0.5m^3$,工作班的延续时间为 8h,时间利用系数 $K=0.85$,则其台班产量定额为（　　　）m^3/台班。

    A. 12.8 　　　　　B. 15 　　　　　C. 102 　　　　　D. 120

9. 根据国家相关法律、法规和政策规定,因停工学习、履行国家或社会义务等原因按计时工资标准支付的工资属于人工日工资单价中的（　　　）。

    A. 基本工资 　　　　　　　　　　　　B. 奖金

    C. 津贴补贴 　　　　　　　　　　　　D. 特殊情况下支付的工资

10. 广场铺装荷兰砖,其规格为长、宽、厚分别是 200mm、100mm、50mm,有嵌缝,缝宽 10mm,定额损耗率为 2.5%,根据理论计算,该荷兰砖每 $10m^2$ 的定额消耗量为（　　　）。

    A. 434 　　　　　B. 1553 　　　　　C. 444 　　　　　D. 813

二、多项选择题

1. 在有关工程造价的基本概念中,下列说法正确的是(　　)。

    A. 工程造价的两种含义表明需求主体和供给主体追求的经济利益相同

    B. 工程造价在建设过程中是不确定的,直至竣工决算后,才能确定工程的实际造价

    C. 实现工程造价职能的最主要条件是形成市场竞争机制

    D. 生产性项目总投资包括其总造价和流动资产投资两部分

    E. 建设项目各阶段依次形成的工程造价之间的关系是前者制约后者,后者补充前者

2. 工程价格是指建成一项工程预计或实际在土地市场、设备和技术劳务市场、承包市场等交易活动中形成的(　　)。

    A. 综合价格　　　　　　　　B. 商品和劳务价格　　　　C. 建筑安装工程价格

    D. 流通领域商品价格　　　　E. 建设工程总价格

3. 工程造价具有多次性计价特征,其中各阶段与造价的对应关系正确的是(　　)。

    A. 招投标阶段→合同价　　　B. 施工阶段→合同价

    C. 竣工验收阶段→实际造价　D. 竣工验收阶段→结算价

    E. 可行性研究阶段→概算造价

4. 工程造价管理的基本内容包括(　　)。

    A. 压低工程造价　　　　　　B. 合理确定工程造价　　　C. 有效控制工程造价

    D. 改革管理体制　　　　　　E. 预算定额管理

5. 根据我国现行的建设项目投资构成,生产性建设项目投资由(　　)两部分组成。

    A. 固定资产投资　　　　　　B. 流动资产投资　　　　　C. 无形资产投资

    D. 递延资产投资　　　　　　E. 其他资产投资

6. 在设备购置费的构成内容中,不包括(　　)。

    A. 设备运输费　　　　　　　B. 设备安装保险费　　　　C. 设备联合试运转费

    D. 设备采购招标费　　　　　E. 设备包装费

7. 直接工程费包括(　　)。

    A. 人工费　　　　　　　　　B. 措施费　　　　　　　　C. 企业管理费

    D. 材料费　　　　　　　　　E. 利润

8. 下列各项费用中,不属于建筑安装工程直接工程费的有(　　)。

    A. 施工机械大修费　　　　　B. 材料二次搬运费　　　　C. 工人退休工资

    D. 生产职工教育经费　　　　E. 生产工具、用具使用费

9. 机械定额时间包括(　　)。

    A. 有效工作时间　　　　　　B. 辅助工作时间　　　　　C. 不可避免的中断时间

    D. 降低负荷下的工作时间　　E. 不可避免的无负荷工作时间

10. 人工单价是指施工企业平均技术熟练程度的生产工人在每工作日(国家法定工作时间内)按规定从事施工作业应得的日工资总额,它主要由(　　)组成。

    A. 计时工资或计件工资　　　B. 奖金　　　　　　　　　C. 津贴补贴

    D. 加班加点工资　　　　　　E. 特殊情况下支付的工资

三、案例分析题

A 企业拟建一工厂,计划建设期 3 年,第 4 年工厂投产,投产当年的生产负荷达到设计生产能力的 60%,第 5 年达到设计生产能力的 85%,第 6 年达到设计生产能力。项目运营期 20 年。

该项目所需设备分为进口设备与国产设备两部分。

进口设备重 1000t,其装运港船上交货价为 600 万美元,海运费为 300 美元/t,海运保险费和银行手续费分别为货价的 2‰ 和 5‰,外贸手续费费率为 1.5%,增值税税率为 17%,关税税率为 25%,美元对人民币汇率为 1∶6.8。设备从到货口岸至安装现场 500km,运输费为 0.5 元人民币/(t•km),装卸费为 50 元人民币/t,国内运输保险费费率为抵岸价的 1‰,设备的现场保管费费率为抵岸价的 2‰。

国产设备均为标准设备,其带有备件的订货合同价为 9500 万元人民币。国产标准设备的设备运杂费费率为 3‰。

该项目的工具、器具及生产家具购置费费率为 4%。

该项目建筑安装工程费用估计为 5000 万元人民币,工程建设其他费用估计为 3100 万元人民币。建设期间的基本预备费费率为 5%,涨价预备费为 2000 万元人民币,流动资金估计为 5000 万元人民币。

项目的资金来源分为自有资金与贷款。其贷款计划如下:建设期第 1 年贷款 2500 万元人民币、350 万美元;建设期第 2 年贷款 4000 万元人民币、250 万美元;建设期第 3 年贷款 2000 万元人民币。贷款的人民币部分从中国建设银行获得,年利率 10.25%(按年计息),贷款的外汇部分从中国银行获得,年利率为 8%(按年计息)。

问题:

(1) 估算设备及工、器具购置费用。

(2) 估算建设期贷款利息。

(3) 估算该工厂建设的总投资。

项目 1 决策阶段工程造价管理

学习目标

思政目标	知识目标	技能目标
正确决策是合理确定与控制工程造价的前提。决策失误，会造成人力、物力及财力的浪费，甚至造成不可弥补的损失。结合案例，培养全局意识，提高时间和风险意识，做到有备无患	1. 能准确说出决策阶段影响造价的因素； 2. 能说出可行性研究报告的作用、主要内容和审批程序	1. 能编制建设项目可行性研究报告； 2. 能够对建设项目进行估算

学习内容

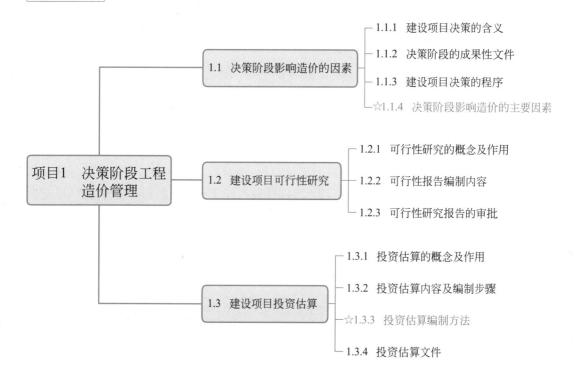

从"鸟巢"看决策阶段造价控制的重要性

2003 年 3 月,作为 2008 年北京奥运会主要比赛场馆的中国国家体育场,在设计方案征集活动中,赫尔佐格和德梅隆设计的"鸟巢"从 13 家中外著名设计公司选送的方案中胜出。从 2004 年 7 月 30 日起,这座建筑已被叫停工。原因是国家要重新调整方案,要为其"瘦身"。北京市奥组委负责人解释说鸟巢暂时停工的一个原因是出于安全考虑,要重新决策,对部分设计作出修改,但最主要的还是为了降低工程造价。围绕"鸟巢"的争论,终于在 2004 年 8 月初告一段落,奥运场馆必须"瘦身","瘦身"后的预算由 38.9 亿元减少至 23 亿元,降低的造价达到 16 亿元。由此看出,项目决策阶段对工程造价起了决定性的作用。

可见,要在投资决策阶段有效地控制造价,必须控制好以下几个环节。

(1) 做好项目决策前的准备工作,收集基础资料,保证其翔实、准确。

(2) 认真做好可行性研究报告。

(3) 全面细致编制投资估算。

(4) 科学选优。

目前在可行性研究阶段,建设单位委托设计单位、勘察设计单位编制可行性研究报告,并编制投资估算。但由于本阶段以经济分析和方案为主,工程量不明确,所以本阶段的投资估算准确性较差。同时,由于建设单位通常不是投资估算和造价控制的内行,而且对工艺流程和方案缺乏认真研究,增加了估算的不准确性。由此可见,只有加强项目决策的深度,采用科学的估算方法和可靠的数据资料,合理地计算投资估算,才能保证其他阶段的造价被控制在合理范围,避免"三超"现象的发生。

1.1 决策阶段影响造价的因素

1.1.1 建设项目决策的含义

建设项目决策是指选择和决定投资方案的过程,是对拟建项目的必要性和可行性进行技术经济论证,并对不同建设方案进行技术经济比较选择及做出判断和决定的过程,即建设项目决策就是对拟建项目的多个建设方案进行比选,从而选优的全过程。

项目决策分析与评价是一个由粗到细、由浅到深的递进过程。在这个过程中,主要包括项目规划、项目投资机会研究、项目初步可行性研究(项目建议书)、项目可行性研究、项目评估、项目后评价等内容,从而形成项目前期决策的成果性文件。

1.1.2 决策阶段的成果性文件

1. 项目规划研究报告

本书所指的项目规划属于发展规划中的专项规划,主要是指产业发展规划、企业发展规划和园区发展规划,其规划内容紧紧围绕着项目或项目群,从项目角度研究产业、企业或园区发展的机会和所需要的条件,研究产业发展、企业和园区项目建设与国家产业政策、区域规划、经济社会配套、资源支撑、生态环境容量等方面的符合性,提出合理的产业方向与规模、总体实施方案、产业空间布局等。

2. 投资机会研究报告

投资机会研究的内容包括市场调查、消费分析、投资政策、税收政策研究等,其研究重点是分析投资环境,如在某一地区或某一产业部门,对某类项目的背景、市场需求、资源条件、发展趋势以及需要的投入和可能的产出等方面进行准备性的调查、研究和分析,从而发现有价值的投资机会。投资机会研究的成果是机会研究报告。

3. 初步可行性研究报告

初步可行性研究的内容与可行性研究基本一致,只是深度有所不同。重点是根据国民经济和社会发展长期规划、行业规划和地区规划以及国家产业政策,经过调查研究、市场预测,从宏观上分析论证项目建设的必要性和可能性。

4. 项目建议书

对于政府投资项目,项目建议书是立项的必要程序,应按照程序和要求编制和报批项目建议书。对于企业投资项目,企业自主决策过程中,企业根据自身需要,也会自主选择前期不同阶段的研究成果作为立项的依据。

5. 可行性研究报告

可行性研究是建设项目决策分析与评价阶段最重要的工作。可行性研究是通过对拟建项目的建设方案和建设条件的分析、比较、论证,从而得出该项目是否值得投资、建设方案是否合理、可行的研究结论,为项目的决策提供依据,可行性研究的成果是可行性研究报告。

6. 项目申请报告

根据我国现行投资管理规定,对关系国家安全、涉及全国重大生产力布局、战略性资源开发和重大公共利益的企业投资项目,实行核准管理。企业为获得项目核准机关对拟建项目的行政许可,按核准要求报送项目申请报告(即项目申请书)。项目申请报告按照申报企业性质分为企业投资(国内企业境内投资)项目申请书、外商投资项目申请报告、境外投资项目申请报告。

7. 资金申请报告

资金申请报告是企业为获得政府补贴性质资金(财政专项资金和财政贴息等)支持、国际金融组织或者外国政府贷款(简称国外贷款),按照政府相关要求而编制的报告。

8. 项目评估报告

项目评估是投资项目前期和项目投资决策过程中的一项重要工作,不同的委托主体,不同阶段的项目前期成果,对评估的内容及侧重点的要求会有所不同。项目评估的咨询成果是咨询评估报告。

9. 项目后评价报告

项目后评价是项目管理的一项重要内容,也是出资人对投资活动进行监管的重要手段,通过项目后评价反馈的信息,可以发现项目决策与实施过程中的问题与不足,吸取经验教训,提高项目决策与建设管理水平。根据中共中央、国务院发布《关于深化投融资体制改革的意见》要求,政府投资项目要建立后评价制度。

1.1.3 建设项目决策的程序

建设项目决策的程序如图 1-1 所示。

图 1-1   建设项目决策的程序

（1）要根据国民经济和社会发展长远规划,结合行业和地区发展规划的要求,提出项目建议书。

（2）要在洞察、试验、调查研究及详细技术经济论证的基础上编制可行性研究报告。

（3）要根据咨询评估情况,对建设项目进行决策。

（4）每一程序均应在上一程序得到检验后方可进行,否则不得进行决策。

1.1.4 决策阶段影响造价的主要因素

1. 建设标准水平的确定

建设标准的主要内容有建设规模、占地面积、工艺装备、建筑标准、配套工程、劳动定员等方面的标准或指标。建设标准是编制、评估、审批项目可行性研究的重要依据,是衡量工程造价是否合理及监督检查项目建设的客观尺度。

建设标准能否起到控制工程造价、指导建设投资的作用,关键在于标准水平定得合理与否。标准水平定得过高,会脱离我国的实际情况和财力、物力的承受能力,增加造价;标准水平定得过低,将会妨碍技术进步,影响国民经济的发展和人民生活的改善。因此,建设标准水平应从我国目前的经济发展水平出发,区别不同地区、不同规模、不同等级、不同功能来合理确定。大多数工业交通项目应采用中等适用的标准,对少数引进国外先进技术和设备的项目或少数有特殊要求的项目,标准可适当高些。在建筑方面,应坚持经济、适用、安全、朴实的原则。建设项目标准中的各项规定,能定量的,应尽量给出指标;不能规定指标的,要有定性的原则要求。

2. 建设项目的规模

规模效益,是指伴随生产规模扩大引起建设单位成本下降而带来的经济效益。当项目单位产品的报酬为一定时,项目的经济效益与项目的生产规模成正比,单位产品的成本随生产规模的扩大而下降,单位产品的报酬随市场规模的扩大而增加。在经济学中,这一现象被称为规模效益递增。规模效益的客观存在对项目规模的合理选择意义重大而深远,可以充分利用规模效益来合理确定并有效控制造价,从而提高项目的经济效益。但规模扩大所产生的效益不是无限的,生产过多或者过少都达不到合理的经济效益,一般存在一个合理化的项目规模,而制约项目规模合理的主要因素包括市场因素、技术因素以及环境因素等方面。

1）市场因素

市场因素是确定建设规模需考虑的首要因素,作为工程造价管理人员,需要明确以下几点。

（1）项目产品的市场需求状况是确定建设项目生产规模的前提，应通过市场分析与预测，确定市场需求量、了解竞争对手情况，最终确定项目建成时的最佳生产规模，使所建项目在未来能够保持合理的盈利水平和持续发展能力。

（2）原材料市场、资金市场、劳动力市场等对建设规模的选择起着不同程度的制约作用，例如，项目规模过大，可能导致材料紧张和价格上涨，造成项目所需投资的资金筹措困难和资金成本上升等，将制约项目的规模。

（3）市场价格分析是制订营销策略和影响竞争力的主要因素。

（4）市场风险分析是确定建设规模的重要依据。

2）技术因素

先进适用的生产技术及技术装备是项目规模效益赖以存在的基础，而相应的管理技术水平是实现规模效益的重要保证。若与经济规模相适应的先进技术及其装备的来源没有保障，或获取技术的成本过高，或管理水平跟不上，则不仅难以实现预期的规模效益，还会给项目的生存和发展带来危机，导致项目投资效益降低，工程支出浪费严重。

3）环境因素

项目的建设、生产和经营离不开一定的社会经济环境，项目规模确定中需考虑的主要环境因素有政策因素、燃料动力供应、协作及土地条件、运输及通信条件。其中，政策因素包括产业政策、投资政策、技术经济政策以及国家、地区及行业经济发展规划等。

3. 建设地区及建设地点（厂址）的选择

1）建设地区的选择

建设地区选择合理与否，在很大程度上决定着拟建项目的命运，影响着工程造价的高低、建设工期的长短、建设质量的好坏，还影响到项目建成后的经营状况。因此，建设地区的选择要充分考虑各种因素的制约，具体要考虑以下因素。

（1）要符合国民经济发展战略规划、国家工业布局总体规划和地区经济发展规划的要求。

（2）要根据项目的特点和需要，充分考虑原材料条件、能源条件、水源条件、各地区对项目产品需求及运输条件等。

（3）要综合考虑气象、地质、水文等建厂的自然条件。

（4）要充分考虑劳动力来源、生活环境、协作、施工力量、风俗文化等社会环境因素的影响。

在综合考虑上述因素的基础上，建设地区的选择要遵循以下两个基本原则。

（1）靠近原料、燃料提供地和产品消费地的原则。

（2）工业项目适当聚集的原则。

2）建设地点（厂址）的选择

建设地点的选择是一项极为复杂的技术经济综合性很强的系统工程，它不仅涉及项目建设条件、产品生产要素、生态环境和未来产品销售等重要问题，受社会、政治、经济、国防等多因素的制约；而且直接影响项目的建设投资、建设速度和施工条件，以及未来企业的经营管理及所在地点的城乡建设规划与发展。因此，必须从国民经济和社会发展的全局出发，运用系统观点和方法分析决策。

（1）选择建设地点时，应符合下列要求。

① 节约土地。

② 应尽量选在工程地质、水文地质条件较好的地段。

③ 厂区土地面积与外形能满足厂房与各种构筑物的需要,并适合于按科学的工艺流程布置厂房与构筑物。

④ 厂区地形力求平坦而略有坡度(一般以 5%～10% 为宜),以减少平整土地的土方工程量,节约投资,又便于地面排水。

⑤ 应靠近铁路、公路、水路,以缩短运输距离,减少建设投资。

⑥ 应便于供电、供热和其他协作条件的取得。

⑦ 应尽量减少对环境的污染。

(2)在进行厂址多方案技术经济分析时,除比较上述厂址条件外,还应从以下两方面进行分析:项目投资费用、项目投产后生产经营费用比较。

4. 工程技术方案的确定

生产技术方案指产品生产所采用的工艺流程和生产方法。技术方案不仅影响项目的建设成本,也影响项目建成后的运营成本。因此,技术方案的选择直接影响工程造价,必须认真选择和确定。

1)技术方案的内容

生产方法直接影响生产工艺流程的选择。一般在选择生产方法时,从以下几个方面着手。

(1)研究与项目产品相关的国内外的生产方法,采用先进适用的生产方法。

(2)研究拟采用的生产方法是否与采用的原材料相适应。

(3)研究拟采用生产方法的技术来源的可得性,若采用引进技术或专利,应比较所需费用。

(4)研究拟采用生产方法是否符合节能和清洁的要求。

2)选择技术方案的原则

选择技术方案的原则是经济合理、安全可靠、先进适用。

5. 设备方案的确定

在确定生产工艺流程和生产技术后,应根据工厂生产规模和工艺过程的要求选择设备的型号和数量。设备的选择与技术密切相关,两者必须匹配。没有先进的技术,再好的设备也没用;没有先进的设备,则无法体现技术的先进性。设备方案的选择应满足以下要求。

(1)主要设备方案应与确定的建设规模、产品方案和技术方案相适应,并满足项目投产后生产或使用的要求。

(2)主要设备之间、主要设备与辅助设备之间的生产或使用性能要相互匹配。

(3)设备质量应安全可靠、性能成熟,保证生产和产品质量稳定。

(4)在保证设备性能前提下,力求经济合理。

(5)选择的设备应符合政府部门或专门机构发布的技术标准要求。

因此,在设备选用中,应注意处理好以下问题。

(1)要尽量选用国产设备。

(2)要注意进口设备之间以及国内外设备之间的衔接配套问题。

(3)要注意进口设备与原有国产设备、厂房之间的配套问题。

(4)要注意进口设备与原材料、备品备件及维修能力之间的配套问题。

1.2　建设项目可行性研究

一个工程项目会经历投资前期、建设期及运营期三个时期,其全过程如图 1-2 所示。

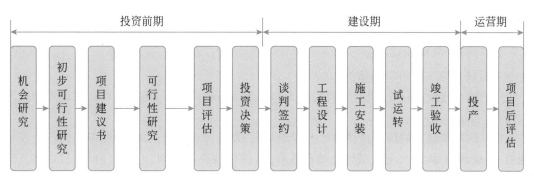

图 1-2　项目投资决策和建设全过程示意图

可行性研究是项目投资前期阶段中的一项重要工作,是研究和控制的重点。通过项目的可行性研究,可以避免和减少项目投资决策的失误、强化投资决策的科学性和客观性,提高项目的综合效益。

1.2.1　可行性研究的概念及作用

1. 可行性研究的概念

可行性研究是指在建设项目决策阶段,通过对与建设项目有关的市场、资源、技术、经济及社会环境等方面进行全面的分析、论证和评价,最终确定该建设项目是否可行的一项必要的工作程序,即可行性研究是判别建设项目是否可行的一种科学方法。

2. 可行性研究的作用

目前,可行性研究已被国内外广泛采用,如联合国工业发展组织编写了《工业可行性研究编制手册》,我国国家发展计划委员会(现国家发展和改革委员会)组织编写了《投资项目可行性研究指南》等,自我国在 20 世纪 70 代末至 80 年代初引入该方法以来,结合我国实际,不断完善和修订了其理论方法。

可行性研究不是可批性研究,政府投资项目要求项目单位应当加强政府投资项目的前期工作,保证前期工作的深度达到规定的要求,并对项目可行性研究报告以及依法应当附具的其他文件的真实性负责。企业投资项目亦理应如此,有关行业主管部门和一些大型企业集团对可行性研究报告的内容和深度以及可行性研究工作都有明确的要求和规定。可行性研究报告不是可行性报告,是否可行是研究的主要目的,并应给出明确的结论,其结论包括可行、有条件可行、风险提示或不可行等清晰的结论。

可行性研究是建设项目决策阶段的纲领性工作,是进行其他各项投资准备工作的主要依据,其作用主要体现在以下几方面。

(1)建设项目投资决策和编制可行性研究报告的依据。

（2）作为筹集资金，向银行等金融组织、风险投资机构申请贷款的依据。

（3）同有关部门进行商务谈判和签订协议的依据。

（4）工程设计、施工准备等基本建设前期工作的依据。

（5）环保部门审查项目对环境影响的依据。

1.2.2 可行性报告编制内容

1. 可行性研究的依据

可行性研究主要有以下依据。

（1）项目建议书（初步可行性研究报告），对于政府投资项目，还需要项目建议书的批复文件。

（2）国家和地方的国民经济和社会发展规划、相关领域专项规划、行业部门的产业发展规划、产业政策等，如江河流域开发治理规划、铁路公路路网规划、电力电网规划、森林开发规划以及企业发展战略规划等。

（3）有关法律、法规和政策。

（4）有关机构发布的工程建设方面的标准、规范、定额。

（5）拟建场（厂）址的自然、经济、社会概况等基础资料。

（6）合资、合作项目各方签订的协议书或意向书。

（7）并购项目、混改项目、PPP 等类项目各方有关的协议或意向书等。

（8）与拟建项目有关的各种市场信息资料或社会公众要求等。

（9）有关专题研究报告，如市场研究、竞争力分析、场（厂）址比选、风险分析等。

2. 可行性研究报告的主要内容

1）总论

总论通常可以作为可行性研究报告的缩略本，当项目巨大或复杂时，可以单独编制一个缩略本，便于投资决策者以及评估人员在内的读者快速掌握项目总貌，总论应高度概括项目的基本情况、研究结论以及存在的问题等，研究结论和观点以及问题与建议应清晰明确。

2）概述

概述主要包括项目名称；主办单位基本情况；主要投资者情况介绍；项目提出的背景；投资的目的、意义和必要性、可行性研究报告编制的依据、指导思想和原则；研究范围（指研究对象、工程项目的范围）。

3）研究结论

（1）研究的简要综合结论：从项目建设的必要性、装置规模、产品（服务）方案、市场、原料、工艺技术场（厂）址选择、公用工程、辅助设施、协作配套节能节水、环境保护、投资及经济评价等方面给出简要明确的结论性意见。简要说明投资项目是否符合国家产业政策要求，是否符合行业准入条件，是否与所在地的发展规划或城镇规划等相适应。提出可行性研究报告推荐方案的主要理由。应根据不同类型和性质的项目，归纳列出项目的主要技术经济指标，包括主要工程和经济类指标等，可列表表示。

（2）存在的主要问题和建议：提出投资项目在工程、技术及经济等方面存在的主要问题和主要风险,提出解决主要问题和规避风险的建议。

4)市场预测分析

市场预测分析是项目可行性研究报告的重点内容,尤其是产品竞争力分析是可行性研究的核心内容之一。在市场竞争激烈的领域,产品竞争力分析更凸显其重要性。市场预测分析与竞争力分析,根据产品性质、经济社会状况等,有着不同的分析方法和技巧,应根据具体情况选择使用。

5)建设方案研究与比选

建设方案研究与比选是项目决策分析与评价的核心内容之一,是在市场分析的基础上,通过多方案比选,构造和优化项目建设方案,进行估算项目投资,选择融资方案,进行项目经济、环境、安全和社会评价等,进而判别项目的可行性和合理性。在进行各种建设方案比选时,建设方案研究将与投资估算及项目财务、经济和社会评价发生有机联系,在不断地完善过程中,比选产生优化的建设方案。

(1)建设规模与产品方案。

(2)生产工艺技术与装备方案研究。

(3)建设条件与场(厂)址选择。

(4)原材料与燃料及动力供应。

(5)总图运输是可行性研究报告的一项重要内容。

总图运输方案研究包括总平面布置、竖向布置、厂(场)内运输、厂(场)外运输和绿化等。根据总图布置方案,确定项目用地,合理的总图布局,有利于节约用地。总图布局的合理性与规范性对安全生产、职业卫生和消防至关重要,同时会对项目的投资和运行成本产生一定影响。

6)工程方案及配套工程方案

工程方案是在技术方案和设备方案确定的基础上,围绕着工艺生产装置在建筑、结构、上下水、供电、供热、维修、服务等方面进行系统配套与完善,形成完整的运行体系。工程和配套方案与项目的技术方案和设备方案以及建设规模和产品方案选择形成互为条件,也是投资估算和经济分析的重要基础,是影响项目环境安全等以及经济合理性的重要因素。

7)环境保护

环境保护是可行研究报告中的重要内容之一。建设项目实行环境保护一票否决权。建设项目可行性研究与环境影响评价形成互为条件关系,建设项目建设方案研究为环境影响评价提供条件,环境影响评价对环境的要求又会影响建设方案研究及其环保篇章内容的合理性,进而影响项目决策。

8)安全、职业卫生与消防

安全、职业卫生与消防是可行研究报告中的重要内容之一。建设项目可行性研究同安全预评价以及职业卫生与消防研究内容形成互为条件关系,建设项目建设方案研究为安全预评价提供条件,安全预评价、职业卫生和消防的要求对建设方案研究及其安全、职业卫生和消防篇章内容产生影响,进而影响项目决策。

9)节能、节水

节约资源是我国的基本国策,国家实施节约与开发并重、把节约放在首位的发展战略。

在建设项目中,加强节能、节水等资源节约和合理利用工作,是深入贯彻科学发展观、落实节约资源的基本国策、建立和谐社会、实现以人为本和美丽生活、建设节能型社会的一项重要举措。项目的建设方案研究必须体现合理利用和节约能源的方案。

　　10) 项目组织与管理

　　建设项目建设期间的组织管理对项目的成功组织与实施有着重要作用。建设项目根据项目性质的不同,其管理也会有差异,各行业均有自己的一套行之有效的组织管理经验和习惯。在可行性研究阶段,咨询机构根据项目具体情况,提出组织管理的基本构想,为投资决策者提供依据和参考,组织管理架构、生产班制、人员配置提前进场和人员培训等是投资估算和成本估算的条件,是项目确定的实施计划,是确定项目资金使用计划和建设期的依据。

1.2.3　可行性研究报告的审批

　　根据《国务院关于投资体制改革的决定》(国发〔2004〕20 号)规定,建设项目可行性研究报告的审批与项目建议书的审批相同,即对于政府投资项目或使用政府性资金、国际金融组织和外国政府贷款投资建设的项目,继续实行审批制,并需报批项目可行性研究报告。凡不使用政府性投资资金(国际金融组织和外国政府贷款属于国家主权外债,按照政府投资资金进行管理)的项目,一律不再实行审批制,并区别不同情况实行核准制和备案制,无须报批项目可行性研究报告。国家发展和改革委员会 2014 年发布的《政府核准投资项目管理办法》(〔2014〕11 号)中规定,企业投资建设实行核准制的项目,应当按照国家有关要求编制项目申请报告,取得依法应当附具的有关文件后,按照规定报送项目核准机关。

　　根据《国家发展改革委关于改进和完善报请国务院审批或核准的投资项目管理办法》(发改投资〔2005〕76 号)的规定,要逐步建立和完善政府投资责任追究制度,建立健全协同配合的企业投资监管体系,与项目审批、核准、实施有关的单位要各司其职,各负其责。

1.3　建设项目投资估算

微课:建设工程
投资估算

1.3.1　投资估算的概念及作用

1. 投资估算的概念

　　投资估算是指在项目投资决策过程中,依据现有的资料和特定的方法,对建设项目的投资数额进行估计,并在此基础上研究是否建设该项目。它是项目建设前期编制项目建议书和可行性研究报告的重要组成部分,是项目决策的重要依据之一。投资估算的准确与否不仅影响到可行性研究工作的质量和经济评价效果,而且直接关系到下一个阶段设计概算和施工图预算的编制,对建设项目资金筹措方案也有直接影响。投资估算书是编制投资估算的成果,简称投资估算。投资估算书是项目建议书或可行性研究报告的重要组成部分,是项目决策的重要依据之一。因此,应全面准确地对建设项目进行投资估算。

2. 投资估算的作用

(1)项目建议书阶段的投资估算,是项目主管部门审批项目建议书的主要依据之一,并对项目的建设规模产生直接影响。

(2)项目可行性研究阶段的投资估算,是项目投资决策的重要依据,也是研究、分析、计算项目投资经济效果的重要条件。当可行性研究报告批准之后,其投资估算额就是作为设计任务书中下达的投资限额,即作为建设项目投资的最高限额,不得随意突破。

(3)项目投资估算对工程设计概算起控制作用,设计概算不得突破批准的投资估算额。

(4)项目投资估算可作为项目资金筹措及制订建设贷款计划的依据,建设单位可根据批准的项目建设估算额,进行资金筹措和向银行申请贷款。

(5)项目投资估算是核算建设项目固定资产投资需要额和编制固定资产投资计划的重要依据。

1.3.2　投资估算内容及编制步骤

根据中国建设工程造价管理协会标准《建设项目投资估算编审规程》(CECA/GC 1—2015)规定,投资估算按照编制估算的工程对象划分,包括建设项目投资估算、单项工程投资估算和单位工程投资估算等。投资估算文件一般由封面、签署页、编制说明、投资估算分析、总投资估算表、单项工程估算表、主要技术经济指标等内容组成。

1. 投资估算内容

项目总投资由建设投资、建设期贷款利息、固定资产投资方向调节税和流动资金构成,如图 0-6 所示。

(1)建设投资是指在项目筹建与建设期间所花费的全部建设费用,按概算法分类包括工程费用、工程建设其他费用和预备费用,其中工程费用包括建筑工程费用、设备购置费用和安装工程费用,预备费用包括基本预备费和价差预备费用。

(2)建设期利息是债务资金在建设期内发生并应计入固定资产原值的利息,包括借款(或债券)利息及手续费、承诺费、管理费等。

(3)固定资产投资方向调节税是指国家为贯彻产业政策、引导投资方向、调整投资结构而征收的投资方向调节税。

(4)流动资金是项目运营期内长期占用并周转使用的营运资金,是指生产经营性项目投产后,用于购买原材料、燃料、支付工资及其他经营费用等所需要的周转资金。它是伴随着建设投资而发生的长期占用的资金,其值等于项目投资运营后所需全部流动资产扣除流动负债后的余额。

2. 投资估算阶段划分及精度要求

投资估算贯穿于整个建设项目投资决策过程之中,投资决策过程可划分为三个阶段,如表 1-1 所示。

表 1-1　投资估算阶段划分

	工作阶段	工作性质	投资估算方法	投资估算误差率	投资估算作用
项目决策阶段	项目建议书阶段	项目设想	生产能力指数法资金周转率法	±30%	鉴别投资方向,寻找投资机会,提出项目投资建议
	预可行性研究阶段	项目初选	比例系数法、指标估算法	±20%	广泛分析,筛选方案,确定项目初步可行,确定专题研究课题
	可行性研究阶段	项目拟定	模拟概算法	±10%	多方案比较,提出结论性建议,确定项目投资的可行性

3. 投资估算的编制步骤

根据不同阶段,投资估算主要包括项目建议书阶段及可行性研究阶段的投资估算。可行性研究阶段的投资估算编制一般包含静态投资部分、动态投资部分与流动资金估算三部分,其编制步骤如图 1-3 所示。

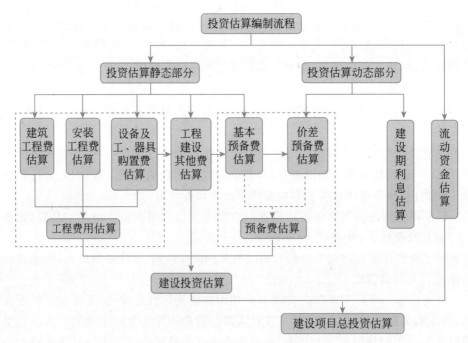

图 1-3　投资估算编制的步骤

1.3.3　投资估算编制方法

1. 静态投资估算法

静态投资部分估算的方法很多,各有其适用的条件和范围,且误差程度也不同。一般情况下,应根据建设项目的性质、占有的技术经济资料和数据的具体情况,选用适宜的估算方法。在项目规划和建议书阶段,投资估算的精度较低,可采取简单的匡算法,如单位建筑面积估算法、生产能力指数法、设备系数法、比例估算法或混合法等;在可行性研究阶段,投资估算精度要求高,需采用相对详细的投资估算方法,即指标估算法。固定资产静态部分的投资估算应按某一确定的时间来进行,一般以开工的前一年为基准年,以这一年的价格为依据估算,否则就会失去基准作用。

1) 单位生产能力估算法

单位生产能力估算法依据调查的统计资料,利用已经建成的性质类似、规模相近的建设项目的单位生产能力投资(如元/t、元/kW)乘以拟建项目的生产能力,即得拟建项目投资额。其计算公式为

$$C_2 = \frac{C_1}{Q_1} Q_2 f \tag{1-1}$$

式中　C_1——已建类似项目的投资额;

C_2——拟建项目的投资额;

Q_1——已建类似项目的生产能力;

Q_2——拟建项目的生产能力;

f——不同建设时期与地点的综合调整系数。

【例 1-1】　某地拟建一座 200 套客房的酒店,另有一座酒店最近在该地竣工,且掌握了以下资料:有 300 套客房,建设投资为 3200 万元。试估算新建项目的建设投资额。(综合调整系数为 0.9)

2) 生产能力指数法

生产能力指数法是根据已建成的、性质类似的建设项目的投资额和生产能力及拟建项目的生产能力估算拟建项目的投资额。该方法主要用于估算工业生产性建筑的静态投资,精度可达 ±20%,其计算公式为

$$C_2 = C_1 \left(\frac{Q_2}{Q_1}\right)^n f \tag{1-2}$$

式中　C_1——已建类似项目的投资额;

C_2——拟建项目的投资额;

Q_1——已建类似项目的生产能力;

Q_2——拟建项目的生产能力;

n——生产能力指数;

f——不同建设时期与地点的综合调整系数。

【例 1-2】 2014 年已建成年产 10 万吨的污水厂,其投资额为 3000 万元,2020 年拟建生产 30 万吨的污水厂项目,建设期 2 年。从 2014—2020 年,每年平均造价指数递增 5%,估算拟建污水厂的投资额为多少万元(生产能力指数 $x=0.9$)。

_____

_____

_____

_____

_____

3) 设备系数法

设备系数法是以拟建项目的设备费为基数,根据已建成的同类项目的建筑安装工程费和其他工程费占设备价值的百分比,求出拟建项目建筑安装工程费和其他工程费,进而求出建设项目总投资。其计算公式为

$$C = E(f + f_1 P_1 + f_2 P_2 + f_3 P_3 + \cdots) + I \tag{1-3}$$

式中　C——拟建项目的总投资;

　　　E——根据拟建项目的设备清单按已建项目当时、当地的价格计算的设备费;

　　　$P_1, P_2, P_3, \cdots$——已建项目中建筑、安装及其他工程费用等占设备费的百分比;

　　　$f_1, f_2, f_3, \cdots$——因时间因素引起的定额、价格、费用标准等变化的综合调整系数;

　　　I——拟建项目的其他费用。

采用设备系数法估算时,需要的基础数据量大,原始资料收集不易,因此该方法一般用于估算投资量大、有可供参考对象且原始数据便于收集的拟建工业项目。

【例 1-3】 某拟建项目设备购置费为 20000 万元,根据已建同类项目统计资料,建筑工程费占设备购置费的 20%,安装工程费占设备购置费的 10%,该拟建项目的其他有关费用估计为 3500 万元,调整系数、均为 1.1,试估算该项目建设投资。

_____

_____

_____

_____

4) 朗格系数法

朗格系数法是以设备费为基础,乘以适当系数来推算项目的静态投资。这种方法是世界银行项目投资估算常采用的方法。该方法的基本原理是分别计算总成本费用中的直接成本和间接成本,再合为项目建设的总成本费用。计算公式为

$$C = E\left(1 + \sum K_i\right) K_c \tag{1-4}$$

式中　C——建设项目静态投资;

　　　E——主要设备购置费;

K_i——管线、仪表、建筑物等项费用的估算系数；

K_c——管理费、合同费、应急费等项目费用的总估算系数。

运用朗格系数法估算投资的方法比较简单，但由于没有考虑项目（或装置）规模大小、设备材质的差异以及不同自然、地理条件差异的影响，所以估算的精度不高。

5）指标估算法

指标估算法是精度较高的静态投资估算方法，主要用于详细可行性研究阶段。这种方法是对组成建设项目静态投资的设备及工、器具购置费、建筑工程费、安装工程费、工程建设其他费、基本预备费分别进行估算，然后汇总成建设项目的静态投资。指标估算法一般采用表格的形式进行计算。

（1）设备及工、器具购置费的估算。对于价值高的设备应按台（套）估算购置费，价值较小的设备可按类估算，国内设备与进口设备应分别估算，形成设备及工、器具购置费估算表。

（2）建筑工程费一般采用单位投资估算法。单位投资估算法是用单位工程投资量乘以工程总量计算，如房屋建筑用单位建筑面积投资（元/m²）估算、水坝以单位长度投资（元/m）估算、铁路路基以单位长度投资（元/km）估算、土石方工程以每立方米投资（元/m³）估算。

（3）安装工程费可根据安装工程定额中的安装费率或安装费用指标进行估算，具体计算公式为

$$安装工程费 = 设备原价 \times 安装费率 \tag{1-5}$$

$$安装工程费 = 安装工程实物量 \times 安装费用指标 \tag{1-6}$$

（4）工程建设其他费按各项费用科目的费率或取费标准估算。

2. 动态投资估算法

建设项目的动态投资包括价格变动可能增加的投资额、建设期利息等，如果是涉外项目，还应计算汇率的影响。在实际估算时，主要考虑价差预备费、建设期贷款利息、汇率变化三个方面，详见绪论。

3. 流动资金投资估算

流动资金是指经营性项目（工业或商业类项目）投产后，为进行正常运营，用于购买原材料、燃料，支付工资及其他运营费用等所用的周转资金。流动资金估算一般采用分项详细估算法，个别情况或小型项目可采用扩大指标法。

1）分项详细估算法

分项详细估算法是对构成流动资金的各项流动资产与流动负债分别进行估算。其计算公式为

$$流动资金 = 流动资产 - 流动负债 \tag{1-7}$$

$$流动资产 = 现金 + 应收账款 + 存货 \tag{1-8}$$

$$流动负债 = 应付账款 + 预收账款 \tag{1-9}$$

在可行性研究中，为简化计算，仅对现金、应收账款、存货、应付账款四项进行估算，不考虑预收账款。采用分项详细估算法时，应注意以下问题。

（1）应根据项目实际情况分别确定现金、应收账款、存货、应付账款的最低周转天数，并

考虑一定的保险系数。

（2）不同生产负荷下的流动资金是按相应负荷时的各项费用金额和给定的公式计算出来的，不能按 100% 负荷下的流动资金乘以负荷百分数求得。

（3）流动资金属于长期性资金，流动资金的筹措可通过长期负债和资本金（权益融资）的方式解决。流动资金借款所产生的利息应于借款当年年末偿还，并计入项目财务费用，借款本金保留。项目计算期末收回全部流动资金本金，并还清流动资金借款的全部本金。

2）扩大指标估算法

扩大指标估算法是根据现有同类企业的实际资料求出各种流动资金率指标，也可采用行业或部门给定的参考值或经验确定比率，将各类流动资金乘以相应的费用基数来估算流动资金。常用的基数有销售收入、经营成本、总成本或固定资产投资等。该方法简便易行，但准确度不高，适用于项目建议书阶段的投资估算。

1.3.4　投资估算文件

根据《建设项目投资估算编审规程》(CECA/GC 1—2015)规定，单独成册的投资估算文件应包括封面、签署页、目录、编制说明、有关附表等。投资估算文件一般需要编制投资估算表、建设期利息估算表、流动资金估算表、单项工程投资估算汇总表、总投资估算汇总表和分年总投资计划表等。

1. 总投资估算汇总表

总投资估算汇总表如表 1-2 所示。该表是对建设项目的工程费用、工程建设其他费用、预备费、建设期利息和流动资金的整体汇总。在总投资估算汇总表中，工程费用的内容应分解到主要单项工程，工程建设其他费用可分项计算。

表 1-2　总投资估算表

序号	费 用 名 称	估算价值/万元					技术经济指标			
		建筑工程费	设备及工、器具购置费	安装工程费	其他费用	合计	单位	数量	单价	比例/%
1	工程费用									
1.1	主要生产系统									
1.1.1	××车间									
1.1.2	××车间									
1.1.3	……									
1.2	辅助生产系统									
1.2.1	××车间									
1.2.2	××仓库									
1.2.3	……									
1.3	公用及福利设施									
1.3.1	变电所									

续表

序号	费用名称	估算价值/万元					技术经济指标			
		建筑工程费	设备及工、器具购置费	安装工程费	其他费用	合计	单位	数量	单价	比例/%
1.3.2	锅炉房									
1.3.3	……									
1.4	外部工程									
1.4.1	××工程									
1.4.2	……									
	小　计									
2	工程建设其他费用									
2.1	……									
	小　计									
3	预备费									
3.1	基本预备费									
3.2	价差预备费									
	小　计									
4	建设期利息									
5	流动资金									
	投资估算合计/万元									
	比例/%									

2. 分年投资计划表

估算出项目总投资后,应根据项目计划进度的安排编制出分年投资计划表,如表1-3所示。该表中的分年建设投资可作为安排融资、估算建设期利息的基础。

表1-3　分年投资计划表

序号	项　目	人民币			外币		
		第1年	第2年	…	第1年	第2年	…
①	建设投资						
②	建设期利息						
③	流动资金						
④	项目投入总资金						

读者请扫描二维码获取建设项目财务评价的内容。

建设项目
财务评价

本章介绍了建设工程决策阶段工程造价管理的主要内容。

(1) 虽然建设项目决策阶段的内容不多,且多是研究论证工作,却是项目造价控制的关键阶段。影响造价的主要因素包括建设标准水平、建设项目的规模、地点(厂址)选择、工程技术方案和设备方案等。

(2) 本章介绍了可行性研究报告编制的依据和编制的内容要求,可行性研究报告的主要内容应包括总论、概述、研究结论、市场预测、方案研究比选等。其中,方案研究比选是工作的重中之重,必须经过科学的论证方法,将定性分析与定量分析相结合,以定量分析为主的多方案综合对比,从而有利于工程的建设决策。

(3) 建设工程投资估算是工程前期阶段造价控制的手段之一,通过估算的工程投资总额虽然偏差幅度较大,但计算简便,相对合理,投资估算包括动态部分投资估算和静态部分投资估算两部分,其中静态投资又包括建筑安装工程费用、设备及工、器具购置费用、工程建设其他费用、基本预备费用,动态部分包括建设期利息和涨价预备费等。

(4) 建设工程财务评价是可行性研究报告的重要组成部分,主要进行财务盈利能力分析、偿债能力分析、财务生存能力分析和不确定性分析,在分析过程中,要依据基本财务报表(资产负债表、利润与利润分配表、现金流量表和财务计划现金流量表)计算出财务内部收益率、财务净现值、投资回收期、总投资收益率等指标,以此判断项目在财务上是否可行。

【学习笔记】

练 一 练

一、单项选择题

1. 下列( )对建设项目投资影响最大。

A. 施工阶段

B. 施工图设计阶段

C. 决策阶段

D. 初步设计阶段

2. 关于项目决策与工程造价的关系,下列说法中不正确的是( )。

A. 项目决策的深度影响投资决策估算的精确度

B. 工程造价合理性是项目决策正确性的前提

C. 项目决策的深度影响工程造价的控制效果

D. 项目决策的内容是决定工程造价的基础

3. 关于项目投资估算的作用,下列说法中不正确的有( )。

A. 投资估算是核算建设项目固定资产需要额的重要依据

B. 可行性研究阶段的投资估算,是项目投资决策的重要依据

C. 投资估算不能作为制订建设贷款计划的依据

D. 项目建议书阶段的投资估算,是编制项目规划、确定建设规模的参考依据

4. 关于我国项目前期各阶段投资估算的精度要求,下列说法中正确的是( )。

A. 可行性研究阶段,要求误差控制在±15%以内

B. 预可行性研究阶段,要求误差控制在±20%以内

C. 项目建议书阶段,允许误差大于±30%

D. 投资设想阶段要求误差控制在±30%为以内

5. 投资估算主要包括以下工作:(1)估算预备费,(2)估算工程建设其他费,(3)估算工程费用,(4)估算设备购置费。其正确的工作步骤是( )。

A. (3)(4)(1)(2)

B. (4)(3)(1)(2)

C. (3)(4)(2)(1)

D. (4)(3)(2)(1)

6. 在确定项目合理的生产规模时,需考虑的首要因素是( )。

A. 技术因素

B. 环境因素

C. 市场因素

D. 人为因素

7. 某项目流动资产总额为500万元,其中存货为100万元,应付账款为380万元,则项目的速动比率为( )。

A. 131.58%

B. 105.26%

C. 95%

D. 76%

8. 世界银行贷款项目的投资估算常采用朗格系数法推算建设项目的静态投资,该方法的计算基数是( )。

A. 安装工程费

B. 设备购置费

C. 其他工程费

D. 主体工程费

9. 项目可行性研究阶段的投资估算是( )的重要依据。

A. 编制主管部门审批项目建议书

B. 编制建设贷款计划

C. 编制项目投资决策

D. 筹措项目资金

10. 下列不属于固定资产投资静态部分的是( )。

A. 建筑安装工程

B. 购买原材料的费用

C. 涨价预备费

D. 基本预备费

二、多项选择题

1. 决策阶段影响工程造价的主要因素有（　　）。

    A. 建设地区　　　　　　　B. 设备方案　　　　　　　C. 建设规模

    D. 建设标准　　　　　　　E. 技术方案

2. 关于投资决策阶段流动资金的估算,下列说法中正确的是（　　）。

    A. 分项详细估算时,需要计算各类流动资产和流动负债的年周转次数

    B. 当年发生的流动资金借款应按半年计息

    C. 流动资金借款利息应计入建设期贷款利息

    D. 流动资金周转额的大小与生产规模及周转速度直接相关

    E. 估算流动资金时,一般采用分项详细估算法

3. 在财务评价指标体系中,反映盈利能力的指标有（　　）。

    A. 流动比率　　　　　　　B. 速动比率　　　　　　　C. 财务净现值

    D. 投资回收期　　　　　　E. 资产负债率

4. 下列项目中,包含在项目资本现金流量表中,而不包含在项目投资财务现金流量表中的有（　　）。

    A. 营业税金及附加　　　　B. 建设投资　　　　　　　C. 借款本金偿还

    D. 借款利息支出　　　　　E. 经营成本

5. 在财务分析中,不考虑资金时间价值的财务评价指标是（　　）

    A. 财务内部收益率　　　　B. 总投资收益率　　　　　C. 动态投资回收期

    D. 财务净现值　　　　　　E. 资产负债率

6. 建设项目现金流出的项目包括（　　）。

    A. 建设投资　　　　　　　B. 流动资金　　　　　　　C. 经营成本

    D. 营业收入　　　　　　　E. 保险费

7. 建设项目现金流入的项目包括（　　）。

    A. 营业收入　　　　　　　B. 回收固定资产余值　　　C. 经营成本

    D. 回收流动资金　　　　　E. 营业税金及附加

8. 关于现金流入中的资金回收部分,下列说法中正确的是（　　）。

    A. 固定资产余值回收和流动资金回收均在计算期最后一年

    B. 固定资产余值回收额是正常生产年份固定资产的占用额

    C. 固定资产余值回收额为固定资产折旧费估算表中最后一年固定资产期末净值

    D. 流动资金回收额为项目正常生产年份流动资金的占用额

    E. 流动资金回收为流动资产投资估算表中最后一年的期末净值

9. 项目财务动态评价指标包括（　　）。

    A. 资产负债率　　　　　　B. 财务净现值　　　　　　C. 流动比率

    D. 动态投资回收期　　　　E. 财务内部收益率

10. 在建设项目财务评价中,融资后评价包括（　　）。

    A. 盈利能力评价　　　　　B. 可持续性评价　　　　　C. 风险评价

    D. 生存能力评价　　　　　E. 偿债能力评价

三、案例分析题

背景:某企业准备投资建设一个保温材料加工厂,该项目的主要数据如下。

1. 项目的投资规划

项目的建设期为5年,计划建设进度为第1年完成项目全部投资的25%,第2年完成项目全部投资的15%,第3年至第5年,每年完成项目投资的20%。第6年投产,当年项目的生产能力达到设计生产能力的60%,第7年生产能力达到项目设计生产能力的80%,第8年生产能力达到项目的设计生产能力。项目的运营期总计为20年。

2. 建设投资估算

本投资项目工程费用投资估算额为8亿元,其中包括外汇5000万美元,外汇牌价为1美元兑换8.2元人民币。本项目的其他资产与无形资产合计为2000万元,预备费(包括不可预见费)为8000万元。

3. 建设资金来源

该企业投资本项目的资金为3亿元,其余为银行贷款。贷款额为6亿元,其中外汇贷款为4500万美元。贷款的外汇部分从中国银行取得,年利率为8%(实际利率),贷款的人民币部分从中国建设银行取得,年利率为11.7%(名义利率,按季结算)。

4. 生产经营经费估计

建设项目达到设计生产能力以后,全厂定员为1500人,工资与福利费按照每人每年8000元估算。每年的其他费用为1200万元。生产存货占流动资金部分的估算为9000万元。年外购原材料、燃料及动力费估算为21000万元。年经营成本为25000万元。各项流动资金的最低周转天数分别为应收账款30天,现金40天,应付账款50天。

问题:

(1)估算出建设期的贷款利息。

(2)分项估算出流动资金,并给出总的流动资金估算额。

(3)估算整个建设项目的总投资。

项目 2 设计阶段工程造价管理

学习目标

思 政 目 标	知 识 目 标	技 能 目 标
在建设工程实施的各个阶段中,设计阶段是建设工程目标控制全过程中的主要阶段。设计工作不仅表现为创造性的脑力劳动,还需要反复优化、协调,引导造价人员在"尊重科学、实事求是、精心设计"的原则,进行设计阶段造价管理工作	1. 能准确描述设计阶段工程造价控制的措施、程序和方法; 2. 能区分"两阶段设计""三阶段设计"及其适用范围; 3. 能说出施工图预算的编制方法; 4. 能描述施工图预算审查的内容	1. 能根据建设工程设计方案评价的内容与方法,对设计方案进行优化选择和限额设计; 2. 能编制设计概算及施工图预算

学习内容

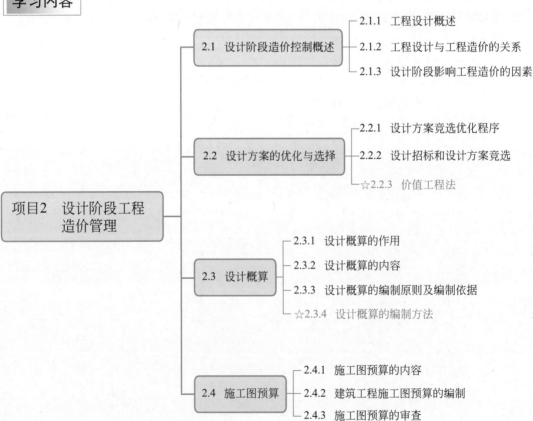

项目背景

　　某建设工程有两个设计方案,方案甲:6层的内浇外砌建筑体系,建筑面积为8500m²,外墙的厚度为36cm,建筑自重为1294kg/m²,施工周期为220天;方案乙:6层的全现浇大模板建筑体系,建筑面积为8500m²,外墙的厚度为30cm,建筑自重为1070kg/m²,施工周期为210天。为了提高工程建设投资效果,从实用性、平面布置经济性和美观性等方面采用不同比选方法进行方案选择,从中选取技术先进、经济合理的最佳设计方案。

　　在学习本章内容时,思考采用什么设计方案比选方法。同时考虑如何对该建设项目进行设计概算和施工图预算的编制,其编制的方法有哪些?

2.1　设计阶段造价控制概述

2.1.1　工程设计概述

1. 工程设计含义

　　工程设计是指在工程开始施工之前,设计者根据已批准的设计任务书,为具体实现拟建项目的技术和经济要求,拟定建筑、安装及设备制造等所需的规划、图纸、数据等技术文件的工作。设计是工程项目由计划变为现实具有决定意义的工作阶段。设计文件是工程施工的依据。拟建工程在建设过程中能否保证质量、进度和节约投资,在很大程度上取决于设计质量的优劣。工程建成后,能否获得满意的经济效果,除了工程决策,设计工作也起着决定性的作用。

2. 设计阶段划分

　　为保证建设项目设计和施工工作有机地配合和衔接,需要将建设项目设计阶段进行划分。国家规定,一般工业与民用建设项目设计按初步设计和施工图设计两个阶段进行,即"两阶段设计";对于技术上复杂而又缺乏设计经验的项目,可按初步设计、扩大初步设计(技术设计)和施工图设计三个阶段进行,即"三阶段设计"。对于技术要求简单的民用建筑工程,经有关主管部门同意,并且合同中有不做初步设计的约定,可在方案设计审批后直接进入施工图设计。

2.1.2　工程设计与工程造价的关系

　　工程设计与工程造价的关系如图2-1所示。工程设计是影响和控制工程造价的关键环节。设计费虽然只占工程全寿命费用不到1%,但在正确决策的前提下,它对工程造价的影响程度达75%以上。工程造价的高低是衡量工程设计合理性的重要经济指标,对工程设计有很大影响。随着设计工作的开展,各个阶段工程造价管理的内容又有所不同,各个阶段工程造价管理工作的主要内容和程序如下。

1. 方案设计阶段投资估算

　　方案设计是在项目投资决策立项之后,将可行性研究阶段提出的问题和建议,经过项目

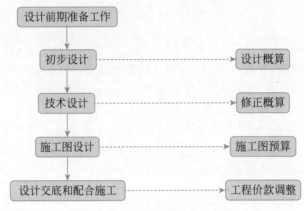

图 2-1　工程设计与造价的关系

咨询机构和业主单位共同研究，形成具体、明确的项目建设实施方案的策划性设计文件，其深度应当满足编制初步设计文件的需要。方案设计的造价管理工作仍称为投资估算。该阶段投资估算额度的偏差率显然应低于可行性研究阶段投资估算额度的偏差率。

2. 初步设计阶段的设计概算

初步设计（也称为基础设计）的内容依工程项目的类型不同而有所变化，一般来说，应包括项目的总体设计、布局设计、主要工艺流程、设备的选型和安装设计、土建工程量及费用的估算等。初步设计文件应当满足编制施工招标文件、主要设备材料订货和编制施工图设计文件的需要，是施工图设计的基础。

初步设计阶段的造价管理工作称为设计概算。设计概算的任务是对项目建设的土建、安装工程量进行估算，对工程项目建设费用进行概算。以整个建设项目为单位形成的概算文件称为建设项目总概算；以单项工程为单位形成的概算文件称为单项工程综合概算。设计概算一经批准，即作为控制拟建项目工程造价的最高限额。

3. 技术设计阶段的修正概算

技术设计（也称为扩大初步设计）是初步设计的具体化，也是各种技术问题的定案阶段。技术设计的详细程度应能够满足设计方案中重大技术问题的要求，应保证能够根据它进行施工图设计和提出设备订货明细表。进行技术设计时，如果对初步设计中所确定的方案有所更改，应对更改部分编制修正概算。对于不是很复杂的工程，可以省略技术设计阶段，即初步设计完成后，直接进入施工图设计阶段。

4. 施工图设计阶段的施工图预算

施工图设计（也称为详细设计）的主要内容是根据批准的初步设计（或技术设计），绘制出正确、完整和尽可能详细的建筑、安装图纸，包括建设项目部分工程的详图、零部件结构明细表、验收标准、方法等。此设计文件应当满足设备材料采购、非标准设备制作和施工的需要，并注明建筑工程合理使用年限。

施工图预算（也称为设计预算）是在施工图设计完成之后，根据已批准的施工图纸和既定的施工方案，结合现行的预算定额、地区单位估价表、费用计取标准、各种资源单价等计算并汇总的造价文件，通常以单位工程或单项工程为单位汇总施工图预算。

设计阶段的造价控制是一个有机联系的整体，各设计阶段的造价（估算、概算、预算）相互制约、相互补充,前者控制后者,后者补充前者,共同组成工程造价的控制系统。

2.1.3 设计阶段影响工程造价的因素

微课:设计阶段影响
工程造价的因素

1. 工业项目设计阶段影响工程造价的主要因素

工业项目设计阶段影响工程造价的主要因素如表 2-1 所示。

表 2-1 工业项目设计阶段影响工程造价的主要因素

总平面设计中	占地面积	功能分区	运输方式选择
在工艺设计中	选择合适的生产方法	合理布置工艺流程	合理的设备选型
在建筑设计中	平面形状	流通空间	层高
	建筑物层数	柱网布置	建筑物的体积与面积
	建筑结构		

1) 总平面设计中影响工程造价的因素

总平面设计是按照批准的设计任务书,对厂区内的建筑物、构筑物、堆场、运输路线、管线、绿化等作全面合理的布置,以便使整个项目形成布置紧凑、经济合理、方便使用的格局。在总平面设计中,影响工程造价的因素有占地面积、功能分区、运输方式的选择。

(1) 占地面积的大小一方面会影响征地费用的高低,另一方面也会影响管线布置成本及项目建成运营的运输成本。

(2) 合理的功能分区既可以使建筑物的各项功能充分发挥,又可以使总平面布置紧凑、安全,避免深挖深填,减少土石方量和节约用地,降低工程造价,同时,合理的功能分区还可以使生产工艺流程顺畅,运输简便,降低项目建成后的运营成本。

(3) 不同运输方式的运输效率及成本不同。有轨运输运输量大,运输安全,但需要一次性投入大量资金;无轨运输不用一次性大规模投资,但是运输量小,运输安全性较差。从降低工程造价的角度来看,应尽可能选择无轨运输,但若考虑项目运营的需要,如果运输量较大,则有轨运输往往比无轨运输成本低。

2) 工艺设计中影响工程造价的主要因素

工艺设计部分要确定企业的技术水平,主要包括建设规模、标准和产品方案,工艺流程和主要设备的选型,主要原材料、燃料供应,"三废"治理及环保措施,还包括生产组织及生产过程中劳动定员情况等。

工艺设计是工程设计的核心,工艺设计标准的高低,不仅直接影响工程建设投资的大小和建设进度,还决定着未来企业的产品质量、数量和经营费用。在工艺设计过程中,影响工程造价的因素主要有生产方法的合适性、工艺流程的合理性、设备选型。

(1) 生产方法是否合适,首先表现在是否先进适用。落后的生产方法不但会影响产品生产质量,而且在生产规程中会造成维持费较高,还需要追加投资改进生产方法。但是,非常先进的生产方法往往需要较高的技术获取费,如果不能与企业的生产要求及生产环境相配套,将会带来不必要的浪费。

生产方法的合理性还表现在是否符合所采用的原料路线。选择生产方法时,要考虑工艺路线对原料规格、型号、品质的要求,原料供应是否稳定可靠。

选择生产方法时,还应符合清洁生产的要求,以满足环境保护的要求。

(2)工艺流程设计是工艺设计的核心,合理的工艺流程既能保证主要生产工序的稳定性,又能根据市场需要的变化,在产品生产的品种规格上保持一定的灵活性。

工艺流程是否合理,主要表现在运输路线的组织是否合理,工艺流程的合理布置首先在于保证生产工艺流程无交叉和逆行现象,并使生产线路尽可能短,从而节约占地,减少技术管线的工程量,节约造价。

(3)在工业建筑中,设备工程投资占很大的比例,设备的选型不仅影响着工程造价,还对生产方法、产品质量有着决定性作用。

3)建筑设计中影响工程造价的主要因素

建筑设计部分,主要确定工程的平面及空间设计和结构方案,在建筑设计中影响工程造价的因素有平面形状、流通空间、层高、层数、柱网布置、建筑物的体积和面积、建筑结构。

(1)平面形状:通常,建筑物平面形状越简单,其单位面积造价就越低。而不规则的建筑物将导致室外工程、排水工程、砌砖工程、屋面工程等复杂化,从而增加工程费用。

建筑物周长与建筑面积之比 K 值越低,设计越经济。K 值按圆形、矩形、T 形、L 形的次序依次增大。但是圆形建筑施工复杂,施工费用高,与矩形建筑相比,施工费用增加20%～30%;正方形建筑设计和施工均比较经济,但对于某些有较高自然采光和通风要求的建筑,方形建筑不易满足要求,而矩形建筑则能较好地满足各方面的要求。

平面形状的选择除考虑造价因素外,还应注意到美观、采光和使用要求方面的影响。

(2)流通空间:在满足建筑物使用要求的前提下,应将流通空间减少到最小,如门厅、过道等空间。

(3)层高:在建筑面积不变的情况下,增加层高,会引起各项费用的增加,比如墙与隔墙及其有关粉刷、装饰费用的提高,供暖空间体积的增加,施工垂直运输量的增加等。

据有关资料分析,单层厂房层高每增加 1m,单位面积造价增加 1.8%～3.6%,年度采暖费用增加约3%;多层厂房的层高每增加 0.6m,单位面积造价提高 8.3%左右。

单层厂房的高度主要取决于车间内的运输方式,正确选择车间内的运输方式,对降低高度、降低造价有很大影响。当起重量较小时,应考虑采用悬挂式运输设备来代替桥式起重机。

(4)层数:工程造价随着建筑物层数增加而提高,但当层数增加时,单位建筑面积所分摊的土地费用、外部流通空间费用将有所降低,从而使单位建筑面积造价发生变化。

工业厂房层数的选择主要是考虑生产性质和生产工艺的要求。对于需要跨度大和层数高,拥有重型生产设备,生产时有较大振动及大量热和气散发的重型工业,采用单层厂房是经济合理的;对于工艺过程紧凑,设备和产品重量不大,并要求恒温条件的轻型车间,可采用多层厂房,以充分利用土地,减少基础工程量,缩短交通路线,降低单方造价。

(5)柱网布置:柱网尺寸的选择与厂房中有无起重机、起重机的类型及吨位、屋顶的承重结构以及厂房的高度等因素有关。对于单跨厂房,当柱间距不变时,跨度越大,单位面积造价越低,因为除屋架外,其他结构架分摊在单位面积上的平均造价随跨度的增大而减小;对于多跨厂房,当跨度不变时,中跨数目越多越经济,因为柱子和基础分摊在单位面积上的造价减少。

（6）建筑物的体积与面积：一般情况下，随着建筑物体积和面积的增加，工程总造价会提高。因此，在不影响生产能力的条件下，厂房、设备布置力求紧凑合理，尽量减少建筑物的体积和总面积。

（7）建筑结构：建筑结构是指建筑物中支撑各种荷载的构件（如梁、板、柱、墙、基础等）所组成的骨架。建筑结构按所用材料不同分为砌体结构、钢筋混凝土结构、钢结构等。

采用各种先进的结构形式和轻质高强度建筑材料，能减轻建筑物自重，简化基础工程，减少建筑材料和构配件的费用及运费，并能提高劳动生产率，缩短建设工期，取得较好的经济效果。

2. 民用项目设计阶段影响工程造价的主要因素

民用项目设计阶段影响工程造价的主要因素如表 2-2 所示。

表 2-2　民用项目设计阶段影响工程造价的主要因素

住宅小区规划中影响工程造价的因素	占地面积	建筑群体的布置形式
住宅设计中影响工程造价的因素	建筑物平面形状和周长系数	
	住宅的层高与净高	住宅的层数
	住宅单元组成、户型和住户面积	
	住宅建筑结构的选择	

1）住宅小区规划中影响工程造价的主要因素

住宅小区是人们日常生活相对完整、独立的居住单元。在进行住宅小区建设规划时，要根据小区的基本功能和要求确定各构成部分的合理层次与关系，据此安排住宅建筑、公共建筑、管网、道路、绿地的布局，确定合理的人口与建筑密度、房屋间距、建筑物层数等。小区规划的核心问题是提高土地利用率。住宅小区规划设计中影响工程造价的主要因素有占地面积、建筑群体的布置形式。

（1）占地面积。居住小区的占地面积不仅直接决定征地费用的高低，还影响着小区内道路、工程管线长度、公共设备等，而这些费用约占小区建设投资的 1/5。因而，占地面积指标在很大程度上影响小区建设的总造价。

（2）建筑群体的布置形式。可通过采取高低搭配、点条结合、前后错列以及局部东西向布置、斜向布置或拐角单元等手法节省用地。在保证小区居住功能的前提下，适当集中公共设施，合理布置道路，充分利用小区内的边角用地，有利于提高密度，降低小区的造价。

2）民用住宅建筑设计中影响工程造价的主要因素

民用住宅建筑设计影响工程造价的因素有建筑物平面形状和周长系数，住宅的层高和净高，住宅的层数，住宅单元组成、户型和住户面积，住宅建筑结构的选择。

（1）建筑物平面形状和周长系数。与工业项目建筑设计类似，民用住宅一般都建造矩形或正方形住宅，既有利于施工，又能降低造价和使用方便，在矩形住宅建筑中，又以长：宽＝2∶1 为佳。一般住宅单元以 3～4 个住宅单元、房屋长度 60～80m 较为经济。

（2）住宅的层高和净高。根据不同性质的工程综合测算：住宅层高每降低 10cm，造价降低 1.2%～1.5%，降低层高还能提高住宅区的建筑密度，节约征地费、拆迁费及市政设施费。但是,考虑到层高过低不利于采光通风,因此民用住宅的层高一般在 2.5～2.8m 之间。

(3) 住宅的层数。随着住宅层数的增加,单方造价系数逐渐降低,即层数越多越经济,但当住宅超过 7 层,就要加电梯的费用,需要较多的交通面积(过道、走廊要加宽)和补充设备(供水设备和供电设备等),特别是高层住宅,要经受较强的风荷载及地震荷载等,需要提高结构强度,改变结构形式,使工程造价大幅度上升。因此,中小城市以建造多层住宅(4～6 层)较为经济,大城市可沿主要街道建设一部分高层住宅,以合理利用空间,对于土地特别昂贵的地区,为了降低土地费用,中、高层住宅是比较经济的选择。

(4) 住宅单元组成、户型和住户面积。据统计,三居室住宅设计比两居室的设计降低 1.5％左右的高层造价,四居室的设计可比三居室的设计降低 3.5％的高层造价。

(5) 住宅建筑结构的选择。随着工业化水平的提高,住宅工业化建筑体系的结构形式多种多样。考虑工程造价时,应根据实际情况,因地制宜、就地取材,采用适合本地区的经济合理的结构形式。

3. 设计阶段其他影响工程造价的因素

1) 项目利益相关者

设计单位和人员在设计过程中,要综合考虑业主、承包商、建设单位、施工单位、监管机构、咨询企业、运营单位等利益相关者的要求和利益,并通过利益诉求的均衡以达到和谐的目的,避免后期出现频繁的设计变更,进而导致工程造价的增加。

2) 设计单位和设计人员的知识水平

设计单位(包括设计单位和工程造价咨询企业)和设计人员的知识水平对工程造价的影响是客观存在的。为了有效地降低工程造价,设计单位和设计人员首先要能够充分利用现代设计理念,运用科学的设计方法优化设计成果;其次要善于将技术与经济相结合,运用价值工程理论优化设计方案;最后,设计单位和设计人员应及时与造价咨询单位进行沟通,使得造价咨询人员能够在前期设计阶段就参与项目,并推广使用 EPC 模式(即工程总承包,是 engineering procument construction 的简称,是指公司受业主委托,按照合同约定对工程建设项目的设计、采购、施工、试运行等实行全过程或若干阶段的承包),达到技术与经济的完美结合。

3) 风险因素

设计阶段承担着重大的风险,它对后面的工程招标和施工有着重要的影响,要预测建设项目可能遇到的各类风险,并提供相应的应对措施,依据"风险识别、风险评估、风险响应、风险控制"的流程为项目的后续阶段选择规避、转移、减轻或接受风险。该阶段是确定建设工程总造价的一个重要阶段,决定着项目的总体造价水平。

2.2 设计方案的优化与选择

设计方案的优化与选择,是指通过技术比较、经济分析和效益评价,正确处理技术先进与经济合理之间的关系,力求达到技术先进与经济合理的和谐统一,它是设计过程的重要环节。

设计方案的优化与选择是同一事物的两个方面,相互依存而又相互转化。一方面,应在众多优化过的设计方案中选出最佳的设计方案;另一方面,选择设计方案后,还需结合项目实际进一步地优化。

2.2.1　设计方案竞选优化程序

一般情况下,建设项目设计方案优化与选择按如下程序,如图 2-2 所示。

(1) 按照使用功能、技术标准、投资限额的要求,结合工程所在地实际情况,探讨和建立可能的设计方案。

(2) 从所有可能的设计方案中初步筛选出各方面都较为满意的方案作为比选方案。

(3) 根据设计方案的评价目的,明确评价的任务和范围。

(4) 确定能反映方案特征并能满足评价目的的指标体系。

(5) 根据设计方案计算各项指标及对比参数。

(6) 根据方案评价的目的,将方案的分析评价指标分为基本指标和主要指标,通过评价指标的分析计算排出方案的优劣次序,并提出推荐方案。

(7) 综合分析,进行方案选择,或提出技术优化建议。

(8) 对技术优化建议进行组合搭配,确定优化方案。

(9) 实施优化方案,并总结备案。

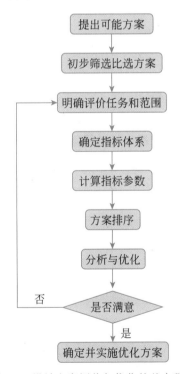

图 2-2　设计方案评价与优化的基本程序

其中,(5)、(7)、(8)是最基本和最重要的内容。在设计方案评价与优化过程中,建立合理的指标体系,并采取有效的评价方法进行方案优化,是最基本和最重要的工作内容。

2.2.2　设计招标和设计方案竞选

1. 设计招标

设计招投标是指招标单位就拟建工程的设计任务发布招标公告,吸引众多设计单位参加竞争,经招标单位审查符合投标资格的设计单位按照招标文件的要求,在规定的时间内向招标单位填报投标文件,招标单位择优确定中标设计单位完成设计任务的活动。

设计招标的目的是鼓励竞争、促使设计单位改进管理,促使设计人员提高施工图纸的设计质量。

1) 设计招标应具备的条件

(1) 已按规定履行审批手续并取得批准。

(2) 设计所需资金已经落实。

(3) 勘察资料已经收集完成。

(4) 法律法规规定的其他条件。

2) 设计招标方式

(1) 公开招标:招标人应发布招标公告。

(2) 邀请招标:招标人应向三个以上设计单位发出招标邀请书。

3) 设计招标程序

(1) 编制招标文件。

(2) 发布招标公告或招标邀请书。

(3) 对投标单位进行资格审查。

(4) 发售招标文件。

(5) 组织投标单位踏勘工程现场。

(6) 接受投标单位的投标书。

(7) 开标、评标、确定中标人,发出中标通知。

(8) 签订设计承包合同。

4) 招标文件的主要内容

(1) 项目基本情况。

(2) 城乡规划和城市设计对项目的基本要求。

(3) 项目工程经济技术要求。

(4) 项目有关基础资料。

(5) 招标内容。

(6) 招标文件答疑、现场踏勘安排。

(7) 投标文件编制要求。

(8) 评标标准和方法。

(9) 投标文件送达地点和截止时间。

(10) 开标时间和地点。

(11) 拟签订合同的主要条款。

(12) 设计费或者计费方法。

（13）未中标方案补偿办法。

2. 设计方案竞选

设计方案竞选是指由组织竞选活动的单位通过报刊、信息网络或其他媒体发布方案竞选公告，吸引设计单位参加方案竞选。参加竞选的设计单位按照竞选文件和国家有关规定，做好方案设计，编制有关文件，经具有相应资质的注册建筑师签字，并加盖单位法定代表人印章。设计方案竞选的方式有公开竞选和邀请竞选。

设计招标与设计方案竞选的主要区别在于设计招标是建设单位想通过招标找到一家其满意的设计单位来完成拟建项目的全部设计工作；设计方案竞选则是建设单位想为拟建项目寻找一个其中意的初步设计方案，至于后期的设计工作是否由中选方案的设计者进行设计，则是之后需要确定的事。

2.2.3 价值工程法

价值工程是指通过各相关领域的协作，对所研究对象的功能与费用进行系统分析，不断创新，旨在提高研究对象价值的思想方法和管理技术。其目的是以研究对象的最低寿命周期成本可靠地实现使用者所需的功能，以获取最佳的综合效益。其计算方法见式（2-1）

微课:价值工程法

$$V = \frac{F}{C} \tag{2-1}$$

式中 V——研究对象的价值；

　　　F——研究对象的功能；

　　　C——研究对象的成本，即寿命周期成本。

1. 提高价值的途径

（1）在提高功能水平时，降低成本，这是最有效且最理想的途径。

（2）在保持成本不变的情况下，提高功能水平。

（3）在保持功能水平不变的情况下，降低成本。

（4）成本稍有增加，但功能水平大幅度提高。

（5）功能水平稍有下降，但成本大幅度下降。

2. 价值工程的工作程序

价值工程是一项有组织的管理活动，涉及面广，研究过程复杂，必须按照一定的程序进行。价值工程可以分为四个阶段，即准备阶段、分析阶段、创新阶段、实施阶段，其工作程序如表 2-3 所示。

表 2-3 价值工程的工作程序

阶　段	步　骤	说　明
准备阶段	对象选择	应明确目标、限制条件和分析范围
	组成价值工程领导小组	一般由项目负责人、专业技术人员、熟悉价值工程的人员组成
	制订工作计划	包括具体执行人、执行日期、工作目标等

续表

阶 段	步 骤	说 明
分析阶段	收集整理信息资料	此项工作应贯穿价值工程的全过程
	功能系统评价	明确功能特性要求,并绘制功能系统图
	功能评价	确定功能目标成本、确定功能改进区域
创新阶段	方案创新	提出各种不同的实现功能的方案
	方案评价	从技术、经济和社会等方面综合评价各方案达到预定目标的可行性
	提案编写	将选出的方案及有关资料编写成册
实施阶段	审批	由主管部门组织进行
	实施检查	确定实施计划、组织实施并跟踪检查
	成果鉴定	对实施后取得的技术经济效果进行成果鉴定

3. 价值工程在设计阶段工程造价控制中的应用

(1) 对象选择:在设计阶段应用价值工程控制工程造价,应以对控制造价影响较大的项目作为价值工程的研究对象。因此,可以应用 ABC 分析法,即将设计方案的成本分解并分成 A、B、C 三类,A 类成本比重大、品种数量少,应作为实施价值工程的重点。

(2) 功能分析:分析研究对象具有哪些功能,各项功能之间的关系如何。

(3) 功能评价:评价各项功能,确定功能评价系数,并计算实现各项功能的现实成本,从而计算各项功能的价值系数。

(4) 分配目标成本:根据限额设计的要求,确定研究对象的目标成本,并以功能评价系数为基础,将目标成本分摊到各项功能上,与各项功能的现实成本进行对比,确定成本改进期望值。应先重点改进成本改进期望值大的部分。

(5) 方案创新及评价:根据价值分析结果及目标成本分配结果的要求,提出各种方案,并用加权评分法选出最优方案,使设计方案更加合理。

【例 2-1】 某开发商拟开发一幢商业住宅楼,有如下三种可行设计方案。

方案 A:结构方案为大柱网框架轻墙体系,采用预应力大跨度叠合楼板,墙体材料采用多孔砖及移动式可拆装式分室隔墙,窗户采用单框双玻璃塑钢窗,面积利用系数为 93%,单方造价为 1528.38 元/m²。

方案 B:结构方案同方案 A 墙体,采用内浇外砌,窗户采用单框双玻璃空腹钢窗,面积利用系数为 87%,单方造价为 1120.00 元/m²。

方案 C:结构方案采用砖混结构体系,采用多孔预应力板,墙体材料采用标准黏土砖,窗户采用玻璃空腹钢窗,面积利用系数为 70.69%,单方造价为 1088.60 元/m²。

方案功能得分及重要系数如表 2-4 所示。

表 2-4　方案功能得分及重要系数表

方案功能	方案功能得分			方案功能重要系数
	A	B	C	
结构体系 F_1	10	10	8	0.25
模板类型 F_2	10	10	9	0.05
墙体材料 F_3	8	9	7	0.25
面积系数 F_4	9	8	7	0.35
窗户类型 F_5	9	7	8	0.1

试应用价值工程法选择最优设计方案。

【解】(1) 计算成本系数并完成表 2-5。

表 2-5　成本系数计算

方案名称	造价/(元/m²)	成本系数
A		
B		
C		
合计		

(2) 计算功能因素评分与功能系数,完成表 2-6。

表 2-6　功能因素评分与功能系数计算

功能因素	重要系数	方案功能得分加权值/分		
		A	B	C
F_1				
F_2				
F_3				
F_4				
F_5				
合计				
功能系数				

4. 价值系数的分析

(1) $V=1$,即研究对象的功能值等于成本。这表明研究对象的成本与实现功能所必需的最低成本大致相当,研究对象的价值为最佳,一般无须优化。

(2) $V<1$,即研究对象的功能值小于成本。这表明研究对象的成本偏高,而功能要求不高。此时,一种可能是由于存在过剩的功能,另一种可能是功能虽无过剩,但实现功能的条

件或方法不佳,以至于使实现功能的成本大于功能的实际需要,应以剔除过剩功能及降低现实成本为改进方向,使成本与功能的比例趋于合理。

(3) $V>1$,即研究对象的功能值大于成本。这表明研究对象的功能比较重要,但分配的成本较少。此时,应进行具体分析,功能与成本的分配可能已较理想,或者有不必要的功能,或者应该提高成本。

价值工程法在建设项目设计中的运用过程,实际上是发现矛盾、分析矛盾和解决矛盾的过程。具体地说,就是分析功能与成本间的关系,以提高建设工程的价值系数。建设项目设计人员要以提高价值为目标,以功能分析为核心,以经济效益为出发点,从而真正实现对设计方案的优化与选择。

2.3　设　计　概　算

设计概算是设计文件的重要组成部分,在投资估算的控制下,由设计单位根据初步设计图纸、概算定额(或概算指标)、费用定额或取费标准(指标)、建设地区自然与技术经济条件、设备与材料价格等资料,编制和确定的建设项目从筹建至竣工交付使用所需全部费用的文件。

采用两阶段设计(初步设计、施工图设计)的建设项目,初步设计阶段必须编制设计概算;采用三阶段设计(初步设计、技术设计、施工图设计)的,技术设计阶段必须编制修正概算。

2.3.1　设计概算的作用

(1) 设计概算是编制建设项目投资计划、确定和控制建设项目投资的依据。

根据我国现行文件规定,编制年度固定资产投资计划,确定计划投资总额及其构成数额,要以批准的初步设计概算为依据,没有批准的初步设计文件及其概算,建设工程就不能列入年度固定资产投资计划。

(2) 设计概算是签订建设工程合同和贷款合同的依据。

在国家颁布的合同法中明确规定,建设工程价款是以设计概、预算价为依据,并且总承包合同不得超过设计总概算的投资额。银行贷款或各单项工程的拨款累计总额不能超过设计概算,如果项目投资计划所列支投资额与贷款突破设计概算时,必须查明原因,之后由建设单位报请上级主管部门调整或追加设计概算总投资,凡未批准之前,银行对其超支部分不予拨付。

(3) 设计概算是控制施工图设计和施工图预算的依据。

设计单位必须按照批准的初步设计和总概算进行施工图设计,施工图预算不得突破设计概算,如需突破总概算时,应按规定程序报批。

(4) 设计概算是衡量设计方案技术经济合理性和选择最佳设计方案的依据。

设计部门要在初步设计阶段选择最佳设计方案。设计概算是从经济角度衡量设计方案经济合理性的重要依据。因此,设计概算是衡量设计方案技术经济合理性和选择最佳设计方案的依据。

（5）设计概算是编制招标控制价（招标标底）和投标报价的依据。

以设计概算进行招投标的工程，招标单位以设计概算作为编制招标控制价（标底）及评标定标的依据。承包单位也必须以设计概算为依据，编制投标报价，以合适的投标报价在投标竞争中取胜。

（6）设计概算是考核建设项目投资效果的依据。

通过对比设计概算与竣工决算，可以分析和考核投资效果的好坏，还可以验证设计概算的准确性，有利于加强设计概算管理和建设项目的造价管理工作。

2.3.2 设计概算的内容

设计概算可分为单位工程概算、单项工程综合概算和建设项目总概算三级。各级概算之间的关系如图 2-3 所示。

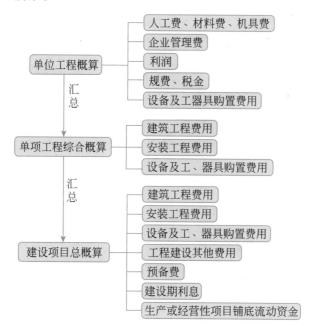

图 2-3 三级设计概算间的关系及费用构成

1. 单位工程概算

单位工程概算是确定各单位工程建设费用的文件，是编制单项工程综合概算的依据，也是单项工程综合概算的组成部分。按工程性质，单位工程概算可分为建筑工程概算和设备及安装工程概算两大类。建筑工程概算包括土建工程概算，给排水、采暖工程概算，通风、空调工程概算，电气、照明工程概算，弱电工程概算，特殊构筑物工程概算等；设备及安装工程概算包括机械设备及安装工程概算，电气设备及安装工程概算，热力设备及安装工程概算，工具、器具及生产家具购置费概算等。

2. 单项工程综合概算

单项工程综合概算是确定一个单项工程所需建设费用的文件，它由单项工程中的各单位工程概算汇总而成，是建设项目总概算的组成部分。单项工程综合概算的组成内容如

图 2-4 所示。

3. 建设项目总概算

建设项目总概算是确定整个建设项目从筹建到竣工验收所需全部费用的文件，它是由各单项工程综合概算、工程建设其他费用概算、预备费、建设期贷款利息和铺底流动资金概算汇总编制而成，如图 2-5 所示。

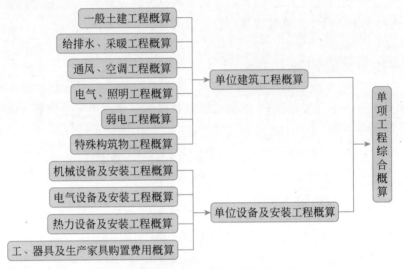

图 2-4　单项工程综合概算的组成内容

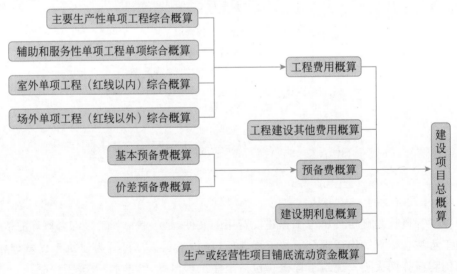

图 2-5　建设项目总概算的组成内容

2.3.3　设计概算的编制原则及编制依据

1. 设计概算的编制原则

（1）要严格执行国家的政策和规定的设计标准。

（2）要完整、准确地反映设计内容。

（3）要坚持结合拟建工程的实际，反映工程所在地当时价格水平。

2. 设计概算的编制依据

（1）批准的可行性研究报告。

（2）工程勘察与设计文件或设计工程量，其中，对于土建工程，建筑专业提交建筑平、立、剖面图和初步设计文字说明（应说明或注明装修标准、门窗尺寸）；结构专业提交平面布置图、构件断面尺寸和特殊构件配筋率。给水排水、电气、弱电、采暖通风、动力等专业提交各子项工程的平面布置图、文字说明和设备清单。如无图纸，应提交主要设备、材料表。室外工程有关各专业应提交平面布置图；总图专业提交土石方工程量和道路、挡土墙、围墙等构筑物的断面尺寸。如无图纸，应提交主要设备、材料表。

（3）项目涉及的概算指标或定额，以及工程所在地编制同期的人工、材料、机械台班市场价格，相应工程造价管理机构发布的概算定额（或指标）。

（4）国家、行业和地方政府有关法律、法规或规定，政府有关部门、金融机构发布的价格指数、利率、汇率、税率，以及工程建设其他费用等。

（5）资金筹措方式。

（6）正常的施工组织设计或拟定的施工组织设计和施工方案。

（7）项目涉及的设备材料供应方式及价格。

（8）项目的管理（含监理）、施工条件。

（9）项目所在地区有关的气候、水文、地质地貌等自然条件；土地征购、房屋拆迁、青苗赔偿等费用和价格；有关的经济、人文等社会条件。

（10）项目的技术复杂程度以及新技术、专利使用情况等。

（11）有关文件、合同、协议等。

（12）委托单位提供的其他技术经济资料。

（13）类似工程的概预算及技术经济指标。

（14）其他相关资料。

2.3.4 设计概算的编制

1. 单位工程概算的编制方法

根据图 2-3，单位工程概算包括建筑工程概算以及设备和安装工程概算。其中，建筑工程概算的编制方法有概算定额法、概算指标法、类似工程预算法等；设备和安装工程概算的编制方法有预算单价法、扩大单价法、设备价值百分比法和综合吨位指标法等，计算完成后，应分别填写建筑工程概算表和设备及安装工程概算表。

1）建筑工程概算的编制方法

建筑工程概算的编制方法有概算定额法、概算指标法、类似工程预算法等。

（1）概算定额法又称扩大单价法或扩大结构定额法，是指套用概算定额编制建设项目概算的方法。概算定额法适用于初步设计达到一定深度，建筑结构尺寸比较明确，能按照初步设计的平面图、立面图、剖面图计算出楼地面、墙身、门窗和屋面等扩大分项工程（或扩大结构构件）项目的工程量的建设项目。计算公式为

$$单位工程概算造价 = 人工费 + 材料费 + 施工机具使用费 + 企业管理费 + 利润$$
$$+ 规费 + 税金 \qquad (2\text{-}2)$$

【例 2-2】 某校拟建一栋建筑面积为 6000m^2 的宿舍楼,试按给出的扩大单价(仅含人工费、材料费、施工机具使用费)和土建工程量(表 2-7),编制该宿舍楼土建工程设计概算造价和单位平方米造价。已知各项费率如下:以定额人工费为基数的企业管理费费率为20%,利润率为15%,"五险一金"费率为28%,按标准缴纳的工程排污费为30万元,增值税税率为9%(不同地区费率和取费基础有所差异)。

表 2-7 某宿舍楼土建工程量及扩大单价

序号	分部分项工程名称	单位	工程量	扩大单价/元	人工费/元
1	基础工程	10m^3	200	3200	350
2	混凝土及钢筋混凝土工程	10m^3	150	13200	600
3	砌筑工程	10m^3	260	5000	920
4	楼地面工程	100m^2	70	32000	3600
5	屋面工程	100m^2	40	14000	1500
6	门窗工程	100m^2	40	55000	9800
7	脚手架	100m^2	180	1100	220
8	模板	100m^2	200	10000	240

根据已知条件和表 2-7,完成表 2-8。

表 2-8 某宿舍楼土建工程概算造价

序号	分部分项工程名称	单位	工程量	单价/元	合计/元	人工费/元
1	基础工程	10m^3	200	3200		
2	混凝土及钢筋混凝土工程	10m^3	150	13200		
3	砌筑工程	10m^3	260	5000		
4	楼地面工程	100m^2	70	32000		
5	屋面工程	100m^2	40	14000		
6	门窗工程	100m^2	40	55000		

右上角：续表

序号	分部分项工程名称	单位	工程量	单价/元	合计/元	人工费/元
7	脚手架	$100m^2$	180	1100		
8	模板	$100m^2$	200	10000		
A	人工费、材料费、施工机具使用费合计	1+2+3+4+5+6+7+8				
B	其中:人工费合计	1+2+3+4+5+6+7+8				
C	企业管理费	B×20%				
D	利润	B×15%				
E	规费	B×28%+300 000 元				
F	增值税销项税额	(A+C+D+E)×9%				
G	概算造价	A+C+D+E+F				
H	单方概算造价	G/6000m^2				

（2）概算指标法是指用拟建建设项目的建筑面积（或体积）乘以技术条件相同或基本相同的概算指标得出人工费、材料费和施工机具使用费,然后按规定计算出企业管理费、利润、规费和税金等,得出单位工程概算的方法。

当设计图纸较简单,无法根据图纸计算出详细的实物工程量时,可以选择恰当的概算指标来编制概算。由于拟建工程往往与类似工程的概算指标的技术条件不尽相同,而且概算指标编制年份的设备、材料、人工等价格与拟建工程当时当地的价格也会有较大差异。因此,采用概算指标法时,需对其进行修正,修正算式为

$$结构变化修正概算指标(元/m^2、元/m^3) = D + Q_1 P_1 - Q_2 P_2 \tag{2-3}$$

式中　D——原概算指标;

Q_1——概算指标中换入新结构的工程量;

Q_2——概算指标中换出结构的工程量;

P_1——换入新结构的单价;

P_2——换出结构的单价。

$$拟建工程的人、材、机费用 = 修正后的概算指标 \times 拟建工程建筑面积(体积) \tag{2-4}$$

再按照规定的取费方法计算其他费用,最终可得到单位工程概算造价。

【例 2-3】　某校拟建一建筑面积为 $6000m^2$ 的教学楼。已知当地一建筑面积为 $5000m^2$ 的办公楼的建筑工程直接工程费为 920 元/m^2,其中基础形式为毛石基础,预算单价为 58 元/m^2。设计资料表明,拟建教学楼采用钢筋混凝土条形基础为 78 元/m^2,其他结构相同。试确定该拟建教学楼建筑工程直接工程费。

（3）类似工程预算法是利用技术条件与设计对象相类似的已完工程或在建工程的预算资料来编制拟建工程的概算。如果找不到合适的概算指标，也没有概算定额时，可以考虑采用类似的工程预算来编制设计概算。

2）设备及安装工程概算的编制方法

设备及安装工程概算包括设备购置费概算和设备安装工程费概算两部分。此处仅介绍设备安装工程费概算的编制方法。设备安装工程费概算的编制方法是根据初步设计深度要求明确的程度来确定。主要编制方法有预算单价法、扩大单价法、设备价值百分比法、综合吨位指标法。

（1）预算单价法：当初步设计较深，有详细的设备清单时，可以直接采用工程预算定额单价法编制安装工程概算。其编制程序基本与安装工程施工图预算相同。

（2）扩大单价法：当初步设计深度不够，设备清单不完备，只有主体设备或仅有成套设备重量时，采用主体设备、成套设备的综合扩大安装单价来编制概算。其编制程序基本与安装工程施工图预算相同。

（3）设备价值百分比法：又称为安装设备百分比法。当设计深度不够，只有设备出厂价，而无详细的规格、重量时，安装费可按占设备费的百分比计算。其百分比值（即安装费率）由主管部门制定或由设计单位根据已完类似工程确定。该方法常用于价格波动不大的定型产品和通用设备产品，其表达式为

$$设备安装费 = 设备原价 \times 安装费率(\%) \tag{2-5}$$

（4）综合吨位指标法：当设计文件提供的设备清单有规格和设备重量时，可采用综合吨位指标编制概算。其中，综合吨位指标由主管部门或由设计单位根据已完类似工程确定，该法常用于设备价格波动较大的安装工程概算，其表达式为

$$设备安装费 = 设备吨重 \times 每吨设备安装费指标(元/t) \tag{2-6}$$

【例 2-4】 现有一通用设备，设备无详细规格，原价 6 万元，重约 13t，每吨设备安装费指标为 3200 元/t，安装费率 12%，试确定该设备的安装费。

2. 建设项目总概算的编制

建设项目总概算是确定整个建设项目从筹建到竣工交付使用所预计全部费用的文件，是由各单项工程综合概算、工程建设其他费、建设期贷款利息、预备费和经营性项目的铺底流动资金概算所组成，如图 2-4 所示。

建设项目总概算文件一般应包括封面及目录、编制说明、总概算表、工程建设其他费概算表、单项工程综合概算表、单位工程概算表、工程量计算表、分年度投资汇总表、分年度资金流量汇总表、主要材料汇总表与工日数量表等。

概算编制说明应包括以下主要内容。

（1）项目概况：简述建设项目的建设地点、设计规模、建设性质（新建、扩建或改建）、工程类别、建设期（年限）、主要工程内容、主要工程量、主要工艺设备及数量等。

（2）主要技术经济指标：项目概算总投资（有引进地给出所需外汇额度）及主要分项投资、主要技术经济指标（主要单位投资指标等）。

（3）资金来源：应按资金来源的不同渠道分别说明，发生资产租赁的，应说明租赁方式及租金。

（4）编制依据。

（5）其他需要说明的问题。

（6）总说明附表，包括建筑、安装工程的工程费用计算程序表，进口设备材料货价及从属费用计算表，具体建设项目概算要求的其他附表。

2.4 施工图预算

施工图预算是施工图设计预算的简称，是由设计单位在施工图设计完成后，根据施工图设计图纸、现行预算定额、费用定额以及地区设备、材料、人工、施工机械台班等预算价格编制和确定的建筑安装工程造价的文件。

2.4.1 施工图预算的内容

施工图预算与设计概算一样，可分为单位工程施工图预算、单项工程施工图预算和建设项目总预算。

根据《建设项目施工图预算编审规程》（CECA/GC 5—2010）的规定，当建设项目有多个单项工程时，应采用三级预算编制形式，其预算文件主要包括封面、签署页及目录，编制说明，总预算表，综合预算表，单位工程预算表，附件。

当建设项目只有一个单项工程时，应采用二级预算编制形式，其文件主要包括封面、签署页及目录，编制说明，总预算表，单位工程预算表，附件。

2.4.2 建筑工程施工图预算的编制

1. 施工图预算编制要求

（1）施工图总预算应控制在已批准的设计总概算投资范围以内。

（2）编制施工图预算时，应保证编制依据的合法性、全面性和有效性以及预算编制成果文件的准确性和完整性。

（3）施工图预算应考虑施工现场实际情况，并结合拟建建设项目合理的施工组织设计进行编制。

2. 施工图预算的编制依据

(1) 国家、行业、地方政府发布的计价依据、有关法律法规或规定。

(2) 建设项目有关文件、合同、协议等。

(3) 批准的设计概算。

(4) 批准的施工图、设计图样及相关标准图集和规范。

(5) 相应预算定额和地区单位估价表。

(6) 合理的施工组织设计和施工方案等文件。

(7) 项目有关的设备、材料供应合同、价格及相关说明书。

(8) 项目所在地区有关的气候、水文、地质地貌等自然条件。

(9) 项目的技术复杂程度,以及新技术、专利使用情况等。

(10) 项目所在地区有关的经济、人文等社会条件。

3. 施工图预算的编制方法

1) 工料机单价法

工料机单价法是根据施工图和预算定额,先算出分项工程量,然后乘以对应的定额基价(包含人工费、材料费、机械费三项),将求出的人工费、材料费、机械费三项相加,得出各分项工程的直接工程费,将各分项工程直接工程费汇总为单位工程直接工程费,以直接工程费为计算基数,分别求出措施费、其他项目费、利润、规费、税金等,最后汇总成施工图预算造价。

2) 综合单价法

建筑工程费用具体包括人工费、材料费、机械费、措施费、规费、管理费、利润、税金。我国许多地区定额的基价均为人工、材料、机械单价三者的和,但也有些地区定额的基价却不是人、材、机之和,如深圳市定额的基价就是人工、材料、机械、管理费、利润五者之和。这种非人、材、机三者之和的定额基价,我们统称为综合单价,综合单价法就是根据综合单价为基价编制施工图预算的一种方法。

综合单价法编制预算的思路如下:先算出分项工程量,然后乘以定额中对应的综合单价并汇总,再求出综合单价中没有包括的费用项目(如深圳市需求措施费、规费、税金等),最后汇总成施工图预算造价。

2.4.3 施工图预算的审查

1. 施工图预算审查的意义

(1) 有利于控制工程造价,防止预算超概算。

(2) 有利于加强固定资产投资管理,节约建设资金。

(3) 有利于施工承包合同价的合理确定和控制。

(4) 有利于积累和分析各项技术经济指标。

2. 施工图预算审查的内容

施工图预算审查主要包括以下内容。

(1) 审查施工图预算是否符合现行国家、行业、地方政府有关法律、法规和规定要求。

（2）审查工程量计算的准确性、工程量计算规则与计价规范规则或定额规则的一致性。

（3）审查在施工图预算的编制过程中，各种计价依据使用是否恰当，各项费率计取是否正确；审查依据主要有施工图设计资料、有关定额、施工组织设计、有关造价文件规定和技术规范、规程等。

（4）审查各种要素市场价格选用是否合理。

（5）审查施工图预算是否超过概算以及进行偏差分析。

审查施工图预算时，可采用全面审查法、标准预算审查法、分组计算审查法、对比审查法、筛选审查法、重点审查法、分解对比审查法等。

项目小结

本章介绍了建设工程设计阶段工程造价管理的主要内容。

（1）工程设计与工程造价间的关系，设计前准备工作，初步、技术、施工图设计的概念。

（2）设计招标、设计方案竞选的概念及二者的区别。

（3）价值工程优化设计方案的应用。

（4）概算定额法、概算指标法、类似工程预算法在编制单位建筑工程概算中的应用。

（5）单项工程综合概算、建设项目总概算文件的构成。

（6）施工图预算的编制与审查简介。

【学习笔记】

练 一 练

一、单项选择题

1. 关于建筑设计因素对工业项目工程造价的影响,下列说法中正确的是(　　)。

　　A. 建筑物面积或体积的增加,一般会引起单位面积造价的增加

　　B. 多跨厂房跨度不变,中跨数目越多越经济

　　C. 建筑周长系数越高,建筑工程造价越低

　　D. 大中型工业厂房一般选用砌体结构,以降低造价

2. 关于住宅建筑设计中的结构面积系数,下列说法中正确的是(　　)。

　　A. 结构面积系数与房间户型组成有关,与房屋长度、宽度无关

　　B. 结构面积系数与房屋结构有关,与房屋外形无关

　　C. 房间平均面积越大,结构面积系数越小

　　D. 结构面积系数越大,设计方案越经济

3. 关于建筑设计对民用住宅项目工程造价的影响,下列说法中正确的是(　　)。

　　A. 加大住宅宽度,不利于降低单方造价

　　B. 住宅层数越多,越有利于降低单方造价

　　C. 降低住宅层高,有利于降低单方造价

　　D. 结构面积系数越大,越有利于降低单方造价

4. 应用价值工程评价设计方案的首要步骤是进行(　　)。

　　A. 功能评价　　　　B. 功能分析　　　　C. 价值分析　　　　D. 成本分析

5. 某建设项目有 4 个方案,其评价指标如表 2-9 所示,根据价值工程原理,最好的方案是(　　)。

表 2-9　方案评价指标

方案	甲	乙	丙	丁
功能评价总分	12	9	14	13
成本系数	0.22	0.18	0.35	0.25

　　A. 甲　　　　　　　　B. 乙　　　　　　　　C. 丙　　　　　　　　D. 丁

6. 工程设计中运用价值工程的目标是(　　)。

　　A. 提高建设工程价值　　　　　　　　B. 降低建设工程全寿命期成本

　　C. 降低建设工程造价　　　　　　　　D. 增强建设工程功能

7. 在建筑工程初步设计文件深度不够、不能准确计算出工程量的情况下,可采用的设计概算编制方法是(　　)。

　　A. 概算定额法　　　　　　　　B. 综合吨位指标法

　　C. 预算单价法　　　　　　　　D. 概算指标法

8. 当初步设计达到一定深度,建筑结构比较明确时,可以采用(　　)编制建筑工程概算。

　　A. 单位工程指标法　　　　　　　　B. 概算定额法

　　C. 概算指标法　　　　　　　　D. 类似工程概算法

9. 下列对单位工程概算的理解中不正确的是(　　)。

A. 单位工程概算是单项工程综合概算的组成部分

B. 单项工程综合概算是编制单位工程概算的依据

C. 若干单项工程概算汇总后成为单位工程概算

D. 单位工程概算按工程性质分为基础建设概算和更新改造项目概算

10. 审查施工图预算的方法很多,其中全面、细致、质量高的审查方法是(　　)。

A. 分组计算审查法　　　　　　　B. 对比法

C. 全面审查法　　　　　　　　　D. 筛选法

二、多项选择题

1. 总平面设计中,影响工程造价的主要因素包括(　　)。

A. 柱网布置　　　B. 占地面积　　　C. 工艺设计　　　D. 功能分区

2. 限额设计实施程序包括以下(　　)阶段。

A. 目标推进　　　B. 目标制定　　　C. 成果评价　　　D. 目标分解

3. "三阶段设计"是指(　　)。

A. 总体设计　　　B. 初步设计　　　C. 技术设计

D. 修正设计　　　E. 施工图设计

4. 工业项目建筑设计评价指标主要有(　　)。

A. 单位面积造价　　　　　　　　B. 建筑物周长与建筑面积比

C. 厂房展开面积　　　　　　　　D. 工程建造成本

E. 厂房有效面积与建筑面积比

5. 建筑单位工程概算常用的编制方法包括(　　)。

A. 预算单价法　　　B. 概算定额法　　　C. 造价指标法

D. 概算指标法　　　E. 类似工程预算法

6. 建筑单位工程概预算的审查内容包括(　　)。

A. 工艺流程　　　　　　　　　　B. 工程量

C. 经济效果　　　　　　　　　　D. 采用的定额或指标

E. 材料预算价格

7. 民用建筑项目小区规划设计评价指标主要包括(　　)。

A. 建筑系数　　　B. 建筑毛密度　　　C. 绿化比率

D. 人口毛密度　　　E. 居住建筑面积密度

8. 民用建筑项目建筑设计评价指标主要包括(　　)。

A. 建筑周长指标　　　B. 建筑体积指标　　　C. 户型比

D. 土地利用系数　　　E. 面积定额指标

9. 工业项目总平面设计评价指标主要有(　　)。

A. 建筑系数　　　　　　　　　　B. 功能指标

C. 工程量指标　　　　　　　　　D. 土地利用系数

E. 建筑物周长与建筑面积比

10. 在选择建筑物的平面形状时,需要考虑的因素主要包括(　　)。

A. 建筑物周长与建筑面积之比　　　B. 流通空间

C. 自然采光   D. 建筑物高度

E. 建筑物美观和使用要求

三、案例分析题

背景:某新建汽车厂选择厂址,根据对 3 个申报城市 A、B、C 的地理位置、自然条件、交通运输、经济环境等方面的考察,综合专家评审意见,提出厂址选择的评价指标有以下 5 个方面:辅助工业配套能力;当地劳动力资源;地方经济发展水平;交通运输条件;自然条件。经过专家评审以上指标,得分情况及各项指标的重要性程度如表 2-10 所示。

表 2-10 某项目评审指标情况表

X	Y	方案功能得分		
		A	B	C
配套能力 F_1	0.3	85	70	90
劳动力资源 F_2	0.2	85	70	95
经济发展水平 F_3	0.2	80	90	85
交通运输条件 F_4	0.2	90	90	85
自然条件 F_5	0.1	90	85	80
Z				

问题:

(1) 说明表中 X、Y、Z 代表的栏目名称。

(2) 作出厂址选择决策。

项目 3 招投标阶段工程造价管理

学习目标

思 政 目 标	知 识 目 标	技 能 目 标
以社会上的"阴阳合同"案例警示读者,同时将诚信、合法纳税、遵守市场公平竞争秩序等内容融入本项目,培养良好的诚信意识、公平竞争意识。结合案例,不断提升服务社会、服务国家的能力	1. 能描述招投标的基本流程; 2. 能说出建设项目招投标阶段招标控制价编制作用、依据和方法; 3. 掌握投标报价策略	1. 会写出招投标程序的流程图; 2. 能运用相关知识对招投标案例进行正确性分析

学习内容

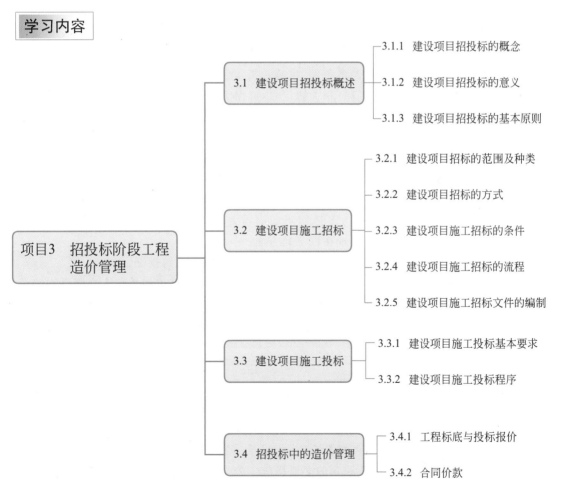

项目3 招投标阶段工程造价管理

3.1 建设项目招投标概述
- 3.1.1 建设项目招投标的概念
- 3.1.2 建设项目招投标的意义
- 3.1.3 建设项目招投标的基本原则

3.2 建设项目施工招标
- 3.2.1 建设项目招标的范围及种类
- 3.2.2 建设项目招标的方式
- 3.2.3 建设项目施工招标的条件
- 3.2.4 建设项目施工招标的流程
- 3.2.5 建设项目施工招标文件的编制

3.3 建设项目施工投标
- 3.3.1 建设项目施工投标基本要求
- 3.3.2 建设项目施工投标程序

3.4 招投标中的造价管理
- 3.4.1 工程标底与投标报价
- 3.4.2 合同价款

项目背景

　　某学校拟建一幢办公楼,相关审批手续均已办妥,相关资料均已齐全,现拟选定施工单位进行施工,假如你是甲方委托的招标代理,应该如何进行招标呢?选择什么样的招标方式?通过什么样的招标流程以及评标办法为甲方选择最合适的单位,并计算出合同价款?假如你是来参与投标的施工单位,你又该如何决策,参与投标并与甲方签订施工合同呢?

拓展延伸

　　读者可扫描二维码获取内容。
"阴阳合同"事件对你有什么启示?

3.1 建设项目招投标概述

3.1.1 建设项目招投标的概念

　　所谓建设项目招投标,是指建设单位在合法条件下计划交易建设工程项目,将交易条件先发出去,然后依照流程邀请符合条件的投标人按照招投标文件相关内容进行竞争投标。建设单位根据投标人技术层面、经济条件、建筑效果等多方面因素的充分考虑与评估后,选择最合适的中标人进行合作,并签订相关协议,以确保实现投资效益最大化的经济目的。

3.1.2 建设项目招投标的意义

　　招投标实质上是一种市场竞争交易行为。它是商品经济发展到一定阶段的产物,市场经济条件下,工程项目的承包往往要通过招标与投标来实现。工程项目的招标和投标是一种管理制度,对体现建筑工程公平、公正、公开具有重大意义。同时,工程招投标对造价的控制也具有非常重要的影响,主要表现在以下几方面。

　　(1) 从业主角度看,通过竞争确定出的工程价格将有利于节约投资。

　　(2) 从社会角度看,每个投标人想要中标必须控制报价,这就迫使承包人在降低自身劳动消耗水平上下功夫,从而降低社会平均劳动消耗水平,使工程价格更为合理。

　　(3) 从承包商角度看,工程招投标给优质承包商(即报价较低、工期较短、具有良好业绩和管理水平者)提供了平台。

3.1.3 建设项目招投标的基本原则

　　建设项目招投标的基本原则有公开原则、公平原则、公正原则和诚实信用原则。

　　公开、公平和公正三个原则互相补充、互相涵盖。公开原则是公平原则、公正原则的前提和保障,是实现公平原则、公正原则的必要措施。公平原则、公正原则也正是公开原则所追寻的目标。诚实信用原则要求建设工程招投标各方当事人的行为必须真实合法,信守契约。招投标活动的当事人必须承担因欺骗、违约行为给对方造成损失和损害的赔偿责任。

3.2 建设项目施工招标

3.2.1 建设项目招标的范围及种类

1. 建设项目招标的范围

按照国家有关规定需要履行项目审批、核准手续的依法必须进行招标的项目,其招标范围、招标方式、招标组织形式应当报项目审批、核准部门审批、核准。项目审批、核准部门应当及时将审批、核准确定的招标范围、招标方式、招标组织形式通报有关行政监督部门。

1)可以邀请招标的项目

国有资金占控股或者主导地位的依法必须进行招标的项目,应当公开招标;但有下列情形之一的,可以邀请招标。

(1)技术复杂、有特殊要求或者受自然环境限制,只有少量潜在投标人可供选择。

(2)采用公开招标方式的费用占项目合同金额的比例过大。

2)可以不招标的项目

有下列情形之一的,可以不进行招标。

(1)需要采用不可替代的专利或者专有技术。

(2)采购人依法能够自行建设、生产或者提供。

(3)已通过招标方式选定的特许经营项目投资人依法能够自行建设、生产或者提供。

(4)需要向原中标人采购工程、货物或者服务,否则将影响施工或者功能配套要求。

(5)国家规定的其他特殊情形。

2. 建设项目招标的分类

(1)按照工程建设程序分类,有建设项目前期咨询招标投标、勘察设计招标、材料设备采购招标、工程施工招标、建设项目全过程工程造价跟踪审计招标、工程项目监理招标。

本教材重点介绍施工招投标阶段的工程造价管理。

(2)按工程承包的范围分类,有项目总承包招标、项目阶段性招标、设计施工招标、工程分承包招标、专项工程承包招标。

(3)随着建筑市场运作模式与国际接轨进程的深入,我国承发包模式也逐渐呈多样化,按工程承发包模式分类,主要包括工程咨询承包、交钥匙工程承包模式、设计施工承包模式、设计管理承包模式、BOT 工程模式、CM 模式。

3.2.2 建设项目招标的方式

1. 公开招标

公开招标又称为无限竞争招标,是指招标单位通过报刊、广播、电

微课:认识工程
项目招标方式

视等方式发布招标广告,有意向的承包商均可参加资格审查,合格的承包商可购买招标文件,参加工程施工投标。

公开招标的优点是投标的承包商多、范围广、竞争激烈,业主有较大的选择余地,有利于降低工程造价、提高工程质量和缩短工期。缺点是投标的承包商多,招标工作量大,组织工作复杂,需投入较多的人力、物力,招标过程所需时间较长。

国务院发展计划部门确定的国家重点建设项目,各省、自治区、直辖市人民政府确定的地方重点建设项目,以及全部使用国有资金投资或者国有资金投资占控股或者主导地位的工程建设项目,应当公开招标。

2. 邀请招标

邀请招标又称为有限竞争性招标。这种招标方式不发布广告,业主根据自己的经验和所掌握的信息资料,向有承担该项工程施工能力的三个以上(含三个)承包商发出招标邀请书,收到邀请书的单位才有资格参加投标。

邀请招标的优点是目标集中,招标的组织工作较容易,工作量比较小。缺点是参加的投标单位较少,竞争性较差,招标单位对投标单位的选择余地较少,如果招标单位在选择邀请单位前所掌握的信息资料不足,则会失去发现最适合承担该项目的承包商的机会。

3.2.3 建设项目施工招标的条件

建设项目施工招标的条件包括对建设项目的要求和对建设单位的要求。

1. 建设项目进行施工招标应具备的条件

(1) 招标人已经依法成立建设项目。

(2) 初步设计及概算应当履行审批手续的,相关部门已经批准。

(3) 招标范围、招标方式和招标组织形式等应当履行核准手续的,相关部门已经核准。

(4) 相应资金或资金来源已经落实。

(5) 有招标所需的设计图纸及技术资料。

2. 建设单位组织施工招标应具备的条件

(1) 是法人或依法成立的其他组织。

(2) 有与招标工程相适应的经济、技术管理人员。

(3) 有组织编制招标文件的能力。

(4) 有审查投标单位资质的能力。

(5) 有组织开标、评标、定标的能力。

不具备上述条件的建设单位,须委托具有相应资质的中介机构代理招标,建设单位与中介机构签订委托代理招标的协议,并报政府招标主管部门备案。

3.2.4 建设项目施工招标的流程

建设项目施工招标流程如图 3-1 所示。

1. 建设项目报建

《工程建设项目报建管理办法》规定,凡在我国境内投资兴建的工程建设项目,都必须实

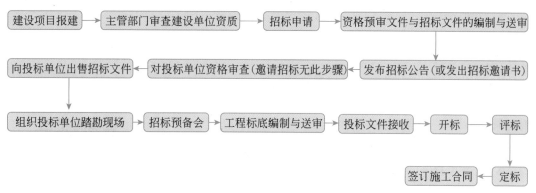

图 3-1　建设项目施工招标流程

行报建制度,接受当地建设行政主管部门的监督管理。当建设项目的立项批准文件或投资计划下达后,建设单位按规定要求报建,并由建设行政主管部门审批。建设项目报建是建设单位招标活动的前提。

报建范围:各类房屋建筑(包括新建、改建、扩建、翻修等)、土木工程(包括道路、桥梁、基础打桩等)、设备安装、管道线路铺设和装修等建设工程。

报建主要内容:工程名称、建设地点、投资规模、工程规模、发包方式、计划开竣工日期和工程筹建情况。

2. 主管部门审查建设单位资质

主管部门审查建设单位资质是指政府招标管理机构审查建设单位是否具备施工招标条件。不具备有关条件的建设单位,须委托具有相应资质的中介机构代理招标,建设单位与中介机构签订委托代理招标的协议,并报招标管理机构备案。

3. 招标申请

招标申请是指由招标单位填写建设工程招标申请表,经上级主管部门批准后,连同工程建设项目报建审查登记表一起报招标管理机构审批。

申请表的主要内容有工程名称、建设地点、建设规模、结构类型、招标范围、招标方式、施工企业等级、施工前期准备情况(土地征用、拆迁情况、勘察设计情况、施工现场条件等)、招标机构组织情况。

4. 资格预审文件与招标文件的编制与送审

《招标投标法实施条例》第十五条有关规定如下:

公开招标的项目,应当依照招标投标法和本条例的规定发布招标公告、编制招标文件。

招标人采用资格预审办法对潜在投标人进行资格审查的,应当发布资格预审公告,编制资格预审文件。

1) 资格预审文件

资格预审文件由资格预审须知、发包范围、资格与合格条件的要求、资格审查申请书的要求、资料要求、资格预审文件的样本等组成。

2) 招标文件

招标文件由投标须知、合同条件、技术规范、设计图纸以及招标单位发出的补充通知组成,其内容包括招标工程的技术要求、报价要求、开标时间及地点、评标方法、拟签合同主要条款等。

3）送审

资格预审文件和招标文件必须报招投标管理机构审查,审查批准后,方可刊登资格预审公告、招标公告。

5. 发布招标公告(或发出招标邀请书)

资格预审文件和招标文件获得批准后,招标人可发布资格预审公告,吸引潜在投标人前来投标。

读者可扫描二维码获取招标公告的编写方法。

6. 资格预审

对申请资格预审的投标人送交填报的资格预审文件和资料进行评比分析,列出投标人的名单,并报招投标管理机构核准。

招标公告的
编写方法

7. 向投标单位出售招标文件

向投标单位出售招标文件是指招标人将招标文件、图纸和有关技术资料出售给通过资格预审获得投标资格的投标单位。投标单位收到招标文件、图纸和有关资料后,应认真核对。核对无误后,应以书面形式予以确认。

8. 组织投标单位踏勘现场

招标单位组织通过资格预审的投标单位进行现场勘察,目的在于了解工程场地和周围环境情况,以获取投标单位认为有必要的信息。招标人根据招标项目的具体情况,可以组织潜在投标人踏勘项目现场。

> **拓展延伸**
>
> 《招标投标法实施条例》第二十八条　招标人不得组织单个或者部分潜在投标人踏勘项目现场。
>
> 因为招投标基本原则是公开、公平、公正、诚信,只有所有投标人同时去踏勘现场,才能保证招标人不会不平等地对待某个投标人,也能保证招标人不跟投标人单独接触发生相互串通的行为。

9. 招标预备会

招标预备会由招标单位组织,建设单位、设计单位、施工单位参加。其目的在于澄清招标文件中的疑问,解答投标单位对招标文件和勘察现场中所提出的疑问和问题。

10. 工程标底编制与送审

施工招标可编制标底,也可不编。若编制标底,当招标文件的商务条款一经确定,即可进入编制流程,标底编制完后应将必要的资料报送招标管理机构审定。若不编制标底,一般用投标单位报价的平均值作为评标价,或者实行合理低价中标。

11. 投标文件接收

投标文件接收是指投标单位根据招标文件的要求编制投标文件,并进行密封和标记,在投标截止时间前,按规定的地点递交至招标单位。招标单位接收投标文件,并将其秘密封存。依法必须进行招标的项目,自招标文件开始发出之日起,至投标人提交投标文件截止之日止,最短不得少于 20 日。根据《工程建设项目施工招标投标办法》规定,投标文件有下列情形之一的,招标人不予受理:逾期送达的,或者未送达指定地点的;未按招标文件要求密封的。

12. 开标

在投标截止后,应当按照招标文件规定的时间和地点公开进行开标。开标由招标单位主持,并邀请所有投标单位的法定代表人(或其代理人)和评标委员会全体成员参加,由政府主管部门及其工程招投标监督管理机构依法实施监督。

注意:招标人在投标截止时间前收到的所有投标文件,开标时,都应当众予以拆封。对于投标截止日期后收到的投标文件,则不予开封,应原封不动地退还投标方。

13. 评标

在招投标管理机构的监督下,评标委员会依据评标原则、评标方法对各投标单位递交的投标文件进行综合评价,保证公正合理、择优向招标人推荐中标单位,评标结束后,评标委员应该推荐中标候选人,人数一般为 1～3 人,并标明排列顺序。

14. 定标

在评标委员会提交评标报告后,招标单位应当在招标文件规定的时间内完成定标。定标后,招标单位须向中标单位发出中标通知书。中标通知书的实质内容应当与中标单位投标文件的内容相一致。

自中标通知书发出之日起 30 日内,招标单位应当与中标单位签订合同。合同价应当与中标价相一致,合同的其他主要条款应当与招标文件、中标通知书相一致。

中标后,除不可抗力外,中标单位拒绝与招标单位签订合同的,招标单位可以不退还其投标保证金,并可以要求该中标单位赔偿相应的损失;招标单位拒绝与中标单位签订合同的,应当返还其投标保证金,并赔偿该中标单位相应的损失。

中标单位与招标单位签订合同时,应当按照招标文件的要求向招标单位提供履约保证。履约保证可以采用银行履约保函(一般为合同价的 5%～10%)或者其他担保方式(一般为合同价的 10%～20%)。招标单位应当向中标单位提供工程款支付担保。

拓展延伸

《招标投标法》第四十六条　招标人和中标人应当自中标通知书发出之起 30 日内,按照招标文件和中标人的投标文件订立书面合同。招标人和中标人不得再行订立背离合同实质性内容的其他协议。招标文件要求中标人提交履约保证金的,中标人应当提交。

作为社会主义核心价值观个人层面的价值准则,诚信也是招投标过程中必须遵守的原则之一。"务以小利而失大义",招标人这一主体,如为国家全额投资或部分投资的项目,招标方的诚信度是国家诚信度最直接的体现;如为社会商业性投资的项目,必然会直接影响到该企业日后在社会上应有的信誉度。

15. 签订施工合同

招标人和中标人应当自中标通知书发出之日起 30 日内,按照招标文件和中标人的投标文件订立书面施工合同。

在施工招投标中,招标公告(投标邀请书)、招标文件、开标、评标是施工招标程序中的关键环节。准确的招标公告能起到吸引优秀施工企业前来投标的作用;详细、完整、系统的招标文件是投标单位进行客观报价、编制投标文件的基础;客观公正的开标、评标是最终正确选择优秀、合适承包商的前提。

读者可扫描二维码获取《建设工程施工合同(示范文本)》(GF—2017—0201)。

3.2.5　建设项目施工招标文件的编制

微课:建设项目
施工招标文件
的编制

1. 建设项目施工招标文件的编制原则

招标文件是招标工作中最重要的文件之一,直接影响着招标工作的成败。其编制应遵循"合法、公正、科学、严谨"的原则。

1) 合法性

合法是招标文件编制过程中必须遵守的原则。我国关于招标工作的法律法规有《招标投标法》《中华人民共和国政府采购法》《中华人民共和国合同法》等。编写招标文件时,其内容必须符合相关法律的规定,若编制的文件内容不符合国家的法律法规,将有可能导致废标,给招投标双方都带来损失。

2) 公正性

招标文件编制的公正性原则主要体现在以下几方面:编制的招标文件内容不能具有倾向性,不能刻意排斥某类特定的投标人,招标文件内容不可以出现对投标品牌的限定、对投标人地域的限定、对企业资质或业绩的加分有明显的倾向、对技术规格中的内容暗含有利于或排斥特定潜在投标人的情况等;编制招标文件时,应注意恰当地处理招标人和各投标人的关系,平衡招标人与投标人的利益需求,不能将过多的风险转移到投标人一方。

3) 科学性

招标文件编制的科学性原则主要体现在以下几方面:要科学合理地划分招标范围,以便节约成本和资源。例如,若招标人同时开展多个内容类似的招标项目,应根据项目的特点进行整合,合并招标,这样不但可以节约招投标双方的成本,还可以节约时间,提高招标工作效率,科学合理地设置投标人的资格。招标人在编制招标文件时,应针对不同项目的行业特点,结合项目预算和市场情况等客观因素,科学合理地设置资格条件,吸引实力强、产品知名度高、售后服务好的投标人;科学合理地设置评标办法。对于相同的项目,采用不同的评标办法,结果可能大不相同。因此,制订评标办法也是招标文件编制中的重要工作。在编制招标文件时,应根据具体项目的特点,科学、合理地制订评标办法,以便评选出最佳的投标人。

4) 严谨性

编制招标文件时,一定要严谨,内容要详尽、一致,用词要清晰、准确,避免使用笼统的表述,避免各部分之间出现矛盾,导致投标人对内容理解不一致,而影响投标人的正常报价。

2. 建设项目施工招标文件的编制

招标文件是指由招标人或招标人委托的招标代理机构编制的,向潜在投标人发售的明确资格条件、合同条款、评标方法和投标文件相应格式的文件。招标文件是招投标活动中的重要法律文件。

招标人根据招标项目的特点和需要编制招标文件。招标文件是投标人编制投标文件的依据,因此招标文件应当包括招标项目的技术要求、对投标人资格审查的标准、投标报价要求和评标标准等所有实质性要求和条件,以及签订合同的主要条款,具体内容如下。

1)招标公告或投标邀请书

招标公告是指招标人在进行科学研究、技术攻克、工程建设、合作经管或大宗商品交易时,公布标准和条件、价格和要求等项目内容,以期从中选择承包商的一种文书。

《工程建设项目施工招标投标办法》第十四条规定:招标公告或者投标邀请书应当至少载明下列内容。

(1)招标人的名称和地址。

(2)招标项目的内容、规模、资金来源。

(3)招标项目的实施地点和工期。

(4)获取招标文件或者资格预审文件的地点和时间。

(5)对招标文件或者资格预审文件收取的费用。

(6)对投标人的资质等级的要求。

2)投标须知

投标须知是招标文件中很重要的内容,投标者应在投标前仔细阅读和理解,并按须知中的要求进行投标。投标须知一般包括两部分内容:一部分是投标须知前附表;另一部分是投标须知正文。投标须知主要包括总则、招标文件、投标报价说明、投标文件的编制、踏勘现场和答疑、投标文件的份数和签署、投标文件的提交、资格预审申请书材料的更新、开标与评标、其他内容等。

3)评标办法

《招标投标法》规定的评标方法有经评审的最低投标价法和综合评估法。

4)合同价款及格式

建设部发布的《标准施工招标文件》中,合同条款由建设工程施工通用合同条款、建设工程施工专用合同条款和三个合同附件格式组成。

5)工程量清单

工程量清单是建设工程的分部分项工程项目、措施项目、规费项目、税金项目、其他项目的名称及相应数量等的明细清单。

(1)工程量清单的作用:在招投标阶段,招标工程量清单为投标人的投标竞争提供了一个平等和共同的基础。工程量清单是建设工程计价、工程付款和结算、调整工程量、进行工程索赔的依据。

(2)工程量清单的分类:工程量清单按分部分项工程单价组成,可分为直接费单价、综合单价(部分费用单价)、全费用单价三类。

直接费单价由人工、材料和机械费组成,按照现行预算定额的工、料、机消耗标准及预算价格和可进入直接费的调价确定。其他直接费间接费、利润、材料差价、税金等按现行的计算方法计取列入其他相应价格计算中。

综合单价只综合了直接费、管理费和利润,并依综合单价计算公式确定综合单价。

全费用单价是国际惯例,由直接费、非竞争性费用和竞争性费用组成。该工程量清单项目由工程清单、措施费和暂定金额组成。

(3) 工程量清单包括分部分项工程量清单、措施项目清单和其他项目清单三部分。

分部分项工程量清单是表明拟建工程的全部分项实体工程名称和相应数量的清单。

注意:分部分项工程量清单的编制,要实行项目编码、项目名称、计量单位、工程量计算规则的统一。

措施项目清单是为完成分项实体工程而必须采取的一些措施性清单。

其他项目清单是招标人提出的一些与拟建工程有关的特殊要求的项目清单。

6) 图纸

图纸是招标文件的重要组成部分,是投标单位在拟定施工方案、确定施工方法、提出替代方案、确定工程量清单和计算投标报价时不可缺少的资料。

7) 技术标准和要求

技术标准和要求主要说明工程现场的自然条件、施工条件及本工程施工技术要求和采用的技术规范等内容。

(1) 工程现场的自然条件应说明工程所处的位置、现场环境、地形、地貌、地质与水文条件、地震烈度、气温、雨雪量、风向、风力等。

(2) 施工条件应说明建设用地面积,建筑物占地面积,场地拆迁及平整情况,施工用水、用电、通信情况,现场地下埋设物及其有关勘探资料等。

(3) 施工技术要求主要说明施工的工期、材料供应、技术质量标准有关规定,以及工程管理中对分包、各类工程报告(如开工报告、测量报告、竣工报告、工程事故报告)等。

(4) 我国建设项目的技术规范一般采用国际、国内公认的标准及施工图中规定的施工技术要求。技术规范是检验工程质量的标准和质量管理的依据,招标单位对这部分文件编写应特别重视。

注意:招标文件中的技术标准和要求必须由招标单位根据工程的实际要求,自行决定本工程项目所需要依据的技术标准和要求,没有可以套用的统一内容和格式。

8) 招标文件格式

招标文件格式为投标人提供了投标文件的固定格式和编排顺序,以规范投标文件的编制,同时便于评标委员会评标。

3.3 建设项目施工投标

3.3.1 建设项目施工投标基本要求

1. 投标单位的基本条件

(1) 应具备与投标项目相适应的技术力量、机械设备、人员、资金等方面的能力,具有承担该招标项目的能力。

（2）应具有招标条件要求的资质等级，并为独立的法人单位。

（3）承担过类似项目的相关工作，并有良好的工作业绩与履约记录。

（4）企业财产状况良好，没有处于财产被接管、破产或其他关、停、并、转状态。

（5）近3年没有违法行为。

（6）近几年有较好的安全记录，投标当年没有发生重大质量和特大安全事故。

2. 投标的基本要求

（1）投标人应当按照招标文件的要求编制投标文件，投标文件应当对招标文件提出的要求和条件作出实质性响应。

（2）投标人应当在招标文件所要求提交投标文件的截止时间前，将投标文件送达投标地点。

（3）投标人在招标文件要求提交投标文件的截止时间前，可以补充、修改或者撤回已提交的投标文件，并书面通知招标人，其补充、修改的内容为投标文件的组成部分。

（4）投标人根据招标文件载明的项目实际情况，拟在中标后将中标项目的部分非主体、非关键性工作交由他人完成的，应当在投标文件中载明。

（5）两个以上法人或者其他组织可以组成一个联合体，以一个投标人的身份共同投标，联合体各方均应当具备承担招标项目的相应能力，国家有关规定或者招标文件对投标人资格条件有规定的，联合体各方均应当具备规定的相应资格条件。

（6）投标人不得相互串通投标报价，不得排挤其他投标人的公平竞争，损害招标人或者他人的合法权益。

（7）投标人不得以低于合理预算成本的报价竞标，也不得以他人名义投标，或者以其他方式弄虚作假，骗取中标。

拓展延伸

《中华人民共和国招标投标法实施条例》第三十九条　禁止投标人相互串通投标。

《中华人民共和国招标投标法实施条例》第六十七条　投标人相互串通投标或者与招标人串通投标的，投标人向招标人或者评标委员会成员行贿谋取中标的，中标无效；构成犯罪的，依法追究刑事责任；尚不构成犯罪的，依照招标投标法第五十三条的规定处罚。投标人未中标的，对单位的罚款金额按照招标项目合同金额依照招标投标法规定的比例计算。

招标与投标不仅是一种市场行为，更是在法律法规规范下的法律行为。从事招投标相关活动的人员必须恪守职业道德，规范职业行为。

3.3.2　建设项目施工投标程序

施工企业投标流程如图3-2所示。

1. 获取招标信息

获取工程招标信息是施工企业承揽工程的第一步，也是最关键的一步。对于公开招标的施工项目，各地政府的招投标中心、报刊、杂志以及各地方的招标投标网站会经常公布拟招标的工程项目信息，施工企业可以经常关注。对于邀请招标的施工项目，建设单位往往会有目标地选择一些施工企业，这需要施工企业在平时的工程施工中建立良好的形象，在社会

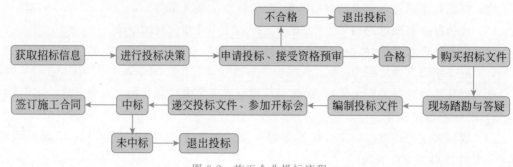

图 3-2　施工企业投标流程

上有一定的影响力,才能被选中。

2. 进行投标决策

施工企业进行投标、承揽工程施工的目的是盈利,是为了保证企业的生存和发展。投标是一项耗费人力、物力、财力的经济活动,如果不能中标,投入的资源被白白浪费,得不偿失;如果招标单位条件苛刻,即使中标也无利可图,搞不好还要亏损,则更不划算。因此,对施工企业而言,并不是每标必投,而是需要研究投标的决策问题。

投标决策需要注意以下问题。

(1)确定招标信息的可靠性。

(2)对招标单位进行充分的调研,特别是招标单位的工程款支付能力。

(3)调查目前市场情况及竞争的形势,以便对招标项目的工程情况作初步分析。

(4)结合工程项目情况,对本企业的实力进行评估。

施工企业的决策班子必须要充分认识投标决策的重要意义,在全面分析的基础上做出投标决策。

3. 申请投标、接受资格预审

对于要求进行资格预审的某个招标项目,如果施工企业准备进行投标,就要按照招标公告的规定认真准备资格预审时需要的材料,如营业执照、资质证书、所承担过的与招标项目类似工程的施工合同、获奖证书等,以便能够顺利地通过资格预审。

招标单位会将资格预审结果以书面形式通知所有参加预审的施工企业,对资格预审合格的单位,以书面形式通知其准备投标。

4. 购买招标文件

通过资格预审的施工企业,可在规定的时间内(一般为 5 天)到招标公告规定的地点去购买招标文件。招标文件和有关资料的费用由投标人自理,图纸的获得需要投标人提交押金,图纸押金于开标后退还。施工企业在获得招标文件、图纸和有关资料后,要认真核对,确认无误后,以书面形式确认。

5. 现场踏勘与答疑

按照国际惯例,施工企业提出的投标报价一般被认为是在现场考察基础上编制的。一旦提出报价单,投标者无权因为现场考察不周、情况了解不细、因素考虑不全面而提出修改投标文件、调整报价或者是提出补偿要求等。

施工企业在踏勘现场前,要仔细研究招标文件,特别是文件中的工作范围、专用条款,以及设计图纸和说明,做到事前有准备。在踏勘时,施工企业要把自己关心的问题弄清楚,对于不明白的地方,要做记录,并在招标答疑会提出,要求招标单位以书面的形式做出回答。招标单位的书面答疑将成为合同文件的组成部分。

6. 编制投标文件

施工企业所做的投标前期准备工作,对招标文件的所有响应,最终都是通过投标文件进行反映。评标委员会确认废标与中标,要在投标文件中找出相应的依据,建设单位选择谁或不选择谁,也是要根据投标文件的情况做出最后决定。所以,施工企业应对投标文件的编制工作给予足够的重视,力求递交的投标文件是一份内容上完整、实质上响应、价格上有竞争力、制作上精美的投标文件。

根据我国现行的建设工程相关法律规定,建设工程项目施工招标的投标文件一般包括投标书、投标报价、施工组织设计(或施工方案)、商务和技术偏离表、辅助资料表和招标文件要求提供的其他文件等方面的内容。实际施工项目的招标类型有所不同(如房屋施工、桥梁施工、道路施工等),其投标文件的组成会有一定的区别,但不存在实质性的差异。

7. 递交投标文件、参加开标会

施工企业在递交投标文件前,需要向招标单位提交投标保证金。在正式递交时,要认真检查投标文件的装订是否有遗漏,需要盖企业公章之处是否盖全,法人代表和委托人签字之处是否签全,投标文件的正副本是否区分,投标文件的数量是否符合规定等。当确认无误后,施工企业可在招标文件规定的截止时间之前递交投标文件。

施工企业在递交投标文件后,要根据招标文件公布的时间和地点,按规定准时参加开标会;参加开标会之前,应做一些必要的准备,在开标会中按招标单位的要求进行陈述。如果评标委员会对投标文件有疑问,需要投标单位答疑的,投标单位还应该进行解释和澄清。

8. 中标、签订施工合同

施工企业在接到中标通知书后,应按中标通知书规定的时间持中标通知书与招标单位签订施工合同,并同时缴纳履约保证金。根据《中华人民共和国招标投标法实施条例》规定,招标文件要求中标人提交履约保证金的,中标人应当按照招标文件的要求提交,履约保证金不得超过中标合同金额的10%。若施工企业不按中标通知书规定的时间提交履约保证金,招标单位则视中标人自动放弃中标,可另选其他中标候选人为中标单位,原中标单位的投标保证金不予退还。

3.4 招投标中的造价管理

3.4.1 工程标底与投标报价

1. 施工招标标底

标底是指招标人根据招标项目的整体情况编制的完成招标项目所需的全部费用,是按照国家规定的计价依据和计价办法计算出来的工程造价,是招标人对建设工程的期望价格,招标人可以自行决定是否编制标底。一个招标项目只能有一个标底,标底必须保密。

1)标底的作用与组成

标底可以为招标人对拟建工程应承担的财务义务明确预期价格;可以给上级主管部门提供核实建设规模的依据;可以衡量投标单位标价的准绳;可以为招标人对比投标报价和标底提供依据,正确判断投标人所投报价的合理性、可靠性。其主要组成部分如下。

(1)标底的综合编制说明。

(2)主要材料用量。

(3)标底价格审定书,标底价格计算书,带有价格的工程量清单,现场因素,各种施工措施费的测算明细,以及采用固定价格时的风险系数测算明细等。

(4)标底附件,如各项标底纪要,各种材料及设备的价格来源,现场地质、水文、地上情况的有关资料,编制标底所依据的施工方案或施工组织设计等。

2)编制标底的原则

(1)根据国家公布的统一工程项目划分、统一计量单位、统一工程量计算规则及施工图纸、招标文件,并参照国家制定的基础定额和国家、行业、地方规定的技术标准规范以及市场价格,来确定工程量和编制标底。

(2)一个工程只能编制一个标底,且标底价格一般应控制在批准的总概算(或修正概算)及投资包干的限额内。

(3)标底价格作为建设单位的期望计划价,应力求与市场的实际变化吻合,要有利于竞争和保证工程质量。

(4)标底价格应考虑人工、材料、机械台班等价格变动因素,还应包括施工不可预见费、预算包干费、措施费(赶工措施费、施工技术措施费)、现场因素费、保险及采用固定价格的工程风险金等。

(5)标底编制完成后,应密封报送招投标管理机构审定。审定后,必须及时妥善封存直至开标,所有接触过标底价格的人员均负有保密责任,不得泄露相关信息。

3)编制标底的依据

(1)招标文件的各项条款。

(2)施工现场地质、水文、地上情况的有关资料。

(3)工程施工图纸、工程量计算规则。

(4)施工方案或施工组织设计。

(5)现场工程预算定额、工期定额、工程项目计价类别及取费标准、国家或地方有关价格的调整文件规定。

(6)招标时,建筑安装材料及设备的市场价格。

4)编制标底价格的步骤

招标工程标底价格由具有编制招标文件能力的招标人自行编制,也可委托具有相应资质和能力的咨询代理机构编制。具体步骤如下。

(1)准备工作。

① 熟悉施工图设计及说明。

② 勘察现场,实地了解现场情况及环境,以作为确定施工方案、包干系数和措施费等有关费用的依据。

③ 了解招标文件中规定的招标范围,机料、半成品和设备的加工订货情况,工程质量和工期要求,物资供应方式。

④ 进行市场调查,掌握材料、设备的市场价格。

(2)收集编制资料。

编制标底需要收集的资料和依据,包括招标文件相关条款、设计文件、工程定额、施工方案等。

(3)计算标底价格。

标底价格应根据所必需的资料,依据招标文件、设计图纸、施工组织设计、市场价格、相关定额及计价办法等,仔细准确地进行计算。

① 以工程量清单确定划分的计价项目及其工程量,按照采用的工程定额或招标文的规定,计算整个工程的人工、材料、机械台班需用量。

② 确定人工、材料、设备、机械台班的市场价格,分别编制人工工日及单价表、材料价格清单表、机械台班及单价表等表格。

③ 确定工程施工中的措施费用和特殊费用,编制工程现场因素、施工技术措施、赶工措施费用表及其他特殊费用表。

④ 采用固定合同价格的,预测和测算工程施工周期内的人工、材料、设备、机械台班价格波动的风险系数。

⑤ 根据文件的要求,按工料单价计算直接工程费,确定间接费和利润,计算税金,编制工程标底价格计算书和标底价格总表。

5)标底的审查

应在投标截止后、开标之前,按照规定报招投标管理机构审查标底的价格,未经审查的标底一律无效。

标底审查的主要内容如下。

(1)标底计划依据:承包范围、招标文件规定的计价方法及招标文件的其他有关条款。

(2)标底价格组成内容:工程量清单及单价组成、有关文件规定的取费、调价规定及税金、主要材料及设备的需用数量等。

(3)标底价格相关费用:人工、材料、机械台班的市场价格,措施费、现场因素费用、不可预见费,所测算的在施工周期内人工、材料、设备、机械台班价格的波动风险系数等。

2.招标控制价

招标控制价是指招标人根据国家或省级、行业建设主管部门颁发的有关计价依据和办法,按设计施工图纸计算的,对招标工程限定的最高工程造价。其在招投标活动中的主要作用是控制报价。它与标底存在以下区别。

(1)招标控制价是最先公布的最高限价,投标价不会高于它;标底是密封的,开标唱标后才能公布,并不是最高限价。

(2)招标控制价只起到最高限价的作用,并不参与评分,也不在评标中占有权重,只是作为一个对具体建设工程项目工程造价的参考;标底一般参与评标,在投标过程中占有权重,甚至能够影响哪个投标人中标。

(3)评标时,投标报价不能超过招标控制价,否则该次投标为废标。标底是招标人期望中的投标价,投标价格越接近这个价格,越有可能中标。

3. 施工企业投标报价

投标报价对施工企业而言,将决定着投标的成败和将来实施工程的盈亏。提出有竞争力的投标报价,是施工企业必须认真对待的事情。

微课:如何把控
投标报价

1) 标价计算依据

(1) 招标单位提供的招标文件。

(2) 招标单位提供的设计图纸及有关的技术说明书等。

(3) 国家及地区颁发的现行建筑、安装工程预算定额及与之相配套执行的各种费用定额、规定等。

(4) 地方现行材料预算价格、采购地点及供应方式等。

(5) 因招标文件及设计图纸等不明确,经咨询后由招标单位书面答复的有关资料。

(6) 企业内部制订的有关取费、价格等的规定、标准。

(7) 其他与报价计算有关的各项政策、规定及调整系数等。

(8) 在标价的计算过程中,对于不可预见费用的计算,必须慎重考虑,不要遗漏。

2) 标价计算

(1) 按工料单价法计算:即根据已审定的工程量,按照定额或市场的单价,逐项计算分部分项工程费,分别填入招标单位提供的工程量清单内,再根据相关费率、税率,计算出措施项目费、其他项目费、规费及税金。

(2) 按综合单价法计算:即所填入工程量清单中的单价,应包括人工费、材料费、机具使用费、企业管理费、利润、规费、税金以及材料价差及风险金等全部费用。

将全部单价汇总后,即得出工程总报价。

3) 投标决策

投标策略是投标人经营决策的组成部分,指导投标的全过程。影响投标报价策略的因素十分复杂,加之投标报价策略与投标人的经济效益紧密相关,所以必须做到及时、迅速、果断。投标时,根据经营状况和经营目标,既要考率自身的优势和劣势,也要考虑竞争的激烈程度,还要分析投标项目的整体特点、按照工程的类别、特点、施工条件等确定投标策略。投标报价策略从投标的全过程进行分析,主要表现在以下三个方面。

(1) 生存型策略:投标报价以克服生存危机为目标而争取中标,可以不考虑各种影响因素。由于当今社会、经济环境的变化和投标人自身经营管理不善,都可能造成投标人的生存危机。投标人处在以下几种情况下,应采取生存型报价策略。

① 企业经营状况不景气,投标项目减少。

② 政府调整基建投资方向,使某些投标人擅长的工程项目减少,这种危机常常危害到营业范围单一的专业工程投标人。

③ 如果投标人经营管理不善,会存在投标邀请越来越少的危机,这时投标人应以生存为重,采取不盈利甚至赔本也要参与投标的态度,只要能暂时维持生存,渡过难关,就会有东山再起的希望。

拓展延伸

俗话说得好,"留得青山在,不怕没柴烧。"面对眼前的困境,企业应尽快调整好策略,积极寻找出路。

（2）竞争型策略：投标报价以竞争为手段，以开拓市场、低盈利为目标，在精确计算成本的基础上，充分估计各竞争对手的报价目标。以有竞争力的报价达到中标的目的。投标人处在以下几种情况下，应采取竞争型报价策略。

① 经营状况不景气，近期接收到的投标邀请较少。

② 竞争对手有威胁性，试图打入新的地区，开拓新的工程施工类型。

③ 投标项目风险小，施工工艺简单、工程量大、社会效益好的项目。

④ 附近有本企业其他正在施工的项目。

这种策略是大多数企业采用的，也叫保本低利策略。

（3）盈利型策略：这种策略是投标报价时，充分发挥自身优势，以实现最佳盈利为目标，对效益较小的项目热情不高，对盈利大的项目充满自信。下面几种情况可以采用盈利型报价策略：如投标人在该地区已经打开局面，施工能力饱和，信誉度高，竞争对手少，具有技术优势，并对招标人有较强的名牌效应，投标人的目标主要是扩大影响，或者施工条件差、难度高、资金支付条件不好、工期质量等要求苛刻，为联合伙伴陪标的项目等。

按一定的策略得到初步报价后，应当对这个报价进行多方面分析。分析的目的是探讨这个报价的合理性、竞争性、营利性及风险性。一般来说，投标人对投标报价的计算方法大同小异，造价工程师的基础价格资料也是相似的。因此，从理论上分析，各投标人的投标报价与招标人的招标控制价都应当相差不远。为什么在实际投标中却会出现许多差异呢？除了那些明显的计算失误，误解招标文件内容，有意放弃竞争而报高价者外，出现投标报价差异的主要原因大致有以下几点。

① 追求利润的高低不一：有的投标人急于中标以维持生存局面，不得不降低利润率。甚至不计取利润；也有的投标人机遇较好，并不急切求得中标，从而追求较高的利润。

② 各自拥有不同的优势：有的投标人拥有闲置的机具和材料，有的投标人拥有雄厚的资金，有的投标人拥有众多的优秀管理人才等。

③ 投标选择的施工方案不同：对于大中型项目或一些特殊的工程项目，施工方案的选择对成本影响较大。科学合理的施工方案，包括工程进度的合理安排、机械化程度的正确选择、工程管理的优化等，都可以明显降低施工成本，因而降低报价。

④ 管理费用的差别：集团企业和中小企业、老企业和新企业、项目所在地企业和外地企业之间的管理费用的差别是比较大的。在清单计价模式下显示投标人个别成本，这种差别会显得更加明显。

这些差异正是实行工程量清单计价后体现低报价原因的重要因素，但在工程量清单计价下的低价必须讲求"合理"二字，并不是越低越好，不能低于投标人的个别成本，不能由于低价中标而造成亏损。投标人必须在保证质量、工期的前提下，保证预期的利润及考虑一定风险的基础上确定最低成本价。低价虽然重要，但不是报价的唯一因素。除了低报价，投标人可以采取策略或投标技巧战胜对手，通过提出能够让招标人降低投资的合理化建议或对招标人有利的一些优惠条件等，都可以弥补报高价的不足。

4）报价技巧

报价技巧也称投标技巧，是指在投标报价中采用一定的手法或技巧使招标人可以接受，而中标后又能获得更多的利润。

报价方法是依据投标策略来选择的，一个成功的投标策略必须运用与之相适应的报价方法,才能取得理想的效果。投标策略对投标报价起指导作用,投标报价是投标策略的具体体现。按照确定的投标策略,恰当地运用投标报价技巧编制报价,是实现投标策略的目标并获得成功的关键。常用的工程投标报价技巧有灵活报价法、不平衡报价法、零星用工单价的报价、可供选择的项目的报价、暂定工程量的报价、多方案报价法、增加建议方案、无利润算标、联合体报价、许诺优惠条件、突然降价法等方法,下面介绍几种常用的报价方法。

(1) 不平衡报价法:也叫前重后轻法,是指基本确定一个工程的总报价后,通过调整内部各个项目的报价,达到在不提高总报价的情况下,又能在结算时得到更理想的经济效益的目标。不平衡报价应遵循以下原则。

① 能够早日结算的项目(如前期措施费、基础工程、土石方工程等)可以适当提高报价,以利于资金周转,提高资金时间价值。后期工程项目如设备安装、装饰工程等的报价可适当降低。

② 经过工程量复核,预计今后工程量会增加的项目,适当提高单价,这样在最终结算时可多盈利。而将来工程量有可能减少的项目,适当降低单价,这样在工程结算时可减少损失。但是,要统筹考虑上述两种情况,具体分析后再定。

③ 设计图纸不明确、估计修改后工程量要增加时,可以适当提高单价,而工程内容说明不清楚的,则可以适当降低单价,在工程实施阶段进行索赔时,再寻求提高单价的机会。

④ 暂定项目又叫任意项目或选择项目,要对这类项目进行具体分析。因这一类项目要开工后由发包人研究决定是否实施,以及由哪一家投标人实施。如果工程不分标,不会另由一家投标人施工,则可适当提高其中肯定要施工的单价,而可适当降低不一定要施工的单价。如果工程分标,该暂定项目也可能由其他投标人施工时,则不宜报高价,以免抬高总报价。

⑤ 在单价与包干混合制合同中,招标人要求有些项目采用包干报价时,宜报高价。一则这类项目多半有风险,二则这类项目在完成后可全部按报价结算,其余单价项目则可适当降低报价。

⑥ 有时招标文件要求投标人对工程量大的项目报综合单价分析表,投标时,可将单价分析表中的人工费及机械设备费报得较高,而材料费报得较低。这主要是为了在今后补充项目报价时,可以参考选用综合单价分析表中较高的人工费和机械费,而材料往往采用市场价,因而可获得较高的收益。

常见的不平衡报价法见表 3-1。

表 3-1　常见的不平衡报价法

序号	信 息 类 型	变 动 趋 势	不平衡结构
1	资金收入的时间	早	单价高
		晚	单价低
2	清单工程量不准确	增加	单价高
		减少	单价低
3	报价图样不明确	增加工程量	单价高
		减少工程量	单价低

续表

序号	信息类型	变动趋势	不平衡结构
4	暂定项目	肯定要施工的	单价高
		不一定要施工的	单价低
5	单价和包干混合制的项目	固定包干价格项目	单价高
		单价项目	单价低
6	单价组成分析表	人工费和机械费	单价高
		材料费	单价低
7	议标时业主要求压低单价	工程量大的项目	单价低,幅度降低
		工程量小的项目	单价高,幅度降低
8	报单价的项目	没有工程量	单价高
		有假定的工程量	单价适中

(2) 零星用工单价的报价:如果零星用单价计入总报价,应具体分析是否报高价,以免抬高总报价。总之,要分析业主在开工后可能使用的零星用工数量,再来确定报价方针。

(3) 可供选择的项目的报价:有些工程的分项工程,业主可能要求按某一方案报价,而后再提供几种可供选择方案的比较报价。投标时,对于将来有可能被选择使用的方案,应当提高其报价;对于难以选择的方案,可将价格有意抬高得更多一些,以阻挠业主选用,但是,所谓"可供选择项目",并非由承包商任意选择,而是业主才有权进行选择。因此,我们虽然适当提高了可供选择项目的报价,并不意味着肯定可以取得较好的利润,只是提供了种可能性,一旦业主今后选用,承包商即可得到额外加价的利益。

(4) 暂定工程量的报价包含以下情况。

① 业主规定了暂定工程量的分项内容和暂定总价款,并规定所有投标人都必须在总报价中加入这笔固定金额,但由于分项工程量不很准确,允许将来按投标人所报单价和实际完成的工程量付款。

② 业主列出了暂定工程量的项目和数量,但并没有限制这些工程量的估价总价款,要求投标人不仅列出单价,也应按暂定项目的数量计算总价,当将来结算付款时,可按实际完成的工程量和所报单价支付。

③ 只有暂定工程的一笔固定总金额,将来这笔金额做什么用,由业主确定。

第一种情况,由于暂定总价款是固定的,对各投标人的总报价水平竞争力没有任何影响,因此,投标时,应当适当提高暂定工程量的单价。

第二种情况,投标人必须慎重考虑。如果单价定得高,同其他工程量计价一样,将会增大总报价,影响投标报价的竞争力;如果单价定得低,将来这类工程量增大,将会影响收益。一般来说,这类工程量可以采用正常价格进行报价。

第三种情况,对投标竞争没有实际意义,只要按招标文件要求将规定的暂定款列入总报价即可。

(5) 多方案报价法:对于一些招文件,如果发现工程范围不是很明确,条款不清楚或很不公正,又或技术规范要求过于苛刻,则要在充分估计投标风险的基础上,按多方案报价法处理。即按原招标文件报一个价,然后提出如某条款做某些变动,报价可降低多少。由此可报出一个较低的价。这样可以降低总价,吸引业主的注意。

(6) 增加建议方案:有时招标文件中规定,可以提一个建议方案,即可以修改原设计方案,提出投标人的方案。投标人这时应抓住机会,组织一批有经验的设计和施工的工程师对原招标文件的设计和施工方案进行仔细研究,提出更为合理的方案,以吸引业主,促成自己的方案中标。这种新建议方案可以降低总造价或缩短工期,或者使工程运用更为合理。但要注意,对原招标方案也要报价。建议方案不要写得太具体,要保留方案的技术关键,防止业主将此方案交给其他承包商。同时,建议方案一定要比较成熟,有很好的操作性。

(7) 无利润算标:缺乏竞争优势的承包商,在不得已的情况下,只好在算标中根本不考虑利润去夺标。这种办法一般在处于以下情况时采用。

① 有可能在得标后,将大部分工程分包给索价较低的一些分包商。

② 对于分期建设的项目,先以低价获得首期工程,而后赢得机会创造第二期工程中的竞争优势,并在以后的实施中赚得利润。

③ 在较长时期内,承包商没有在建的工程项目,如果再不得标,就难以维持生存。因此,虽然本工程无利可图,只要能有一定的管理费用于维持公司的日常运转,就可设法渡过暂时的困难。

(8) 联合体报价:联合体报比较常用,即两三家公司的主营业务类似或相近,单独投标会出现经验、业绩不足或工作负荷过大而造成高报价,失去竞争优势。而以捆绑形式联合投标,可以做到优势互补、规避劣势、利益共享、风险共担,相对提高竞争力和中标概率。目前在国内许多大项目中使用这种方式。

(9) 突然降价法:投标报价是一件保密的工作,但是对手往往通过各种渠道、手段来打探情况。因此,在报价时,可以采取迷惑对手的方法,即先按一般情况报价,或表现出自己对该工程兴趣不大,快到投标截止时间时,再突然降价。

3.4.2 合同价款

1. 固定价合同

1) 固定总价合同

固定总价合同的价格计算是以设计图纸、工程量及规范等为依据,承包、发包双方就承包工程协商一个固定的总价,即承包方按投标时发包方可以接受的合同价格实施工程,并一笔包死,无特定情况则不变。

采用这种合同,合同总价只有在设计和工程范围发生变更的情况下,才能随之作相应的变更,除此之外,合同总价一般不能变动。

固定总价合同对承包方而言,要承担合同履行过程中的主要风险,要承担实物工程量、工程单价等变化而可能造成损失的风险。在合同执行过程中,承包、发包双方均不能以工程量、设备和材料价格、工资等变动为理由,提出对合同总价调值的要求。所以,作为合同总价计算依据的设计图纸、说明、规定及规范应对工程进行详尽的描述,承包方要在投标时对一切费用上升的因素进行估计,并将其包含在投标报价之中。承包方因为可能要为许多不可预见的因素付出代价,所以往往会加大不可预见费用,致使这种合同的投标价格较高。

固定总价合同一般适用于以下情况。

（1）招标时的设计深度已达到施工图设计要求，工程设计图纸完整齐全，项目、范围及工程量计算依据确切，合同履行过程中不会出现较大的设计变更，承包方依据的报价工程量与实际完成的工程量不会有较大的差异。

（2）所投项目为规模较小，技术不太复杂的中小型工程。承包方一般在报价时，可以合理地预见到实施过程中可能遇到的各种风险。

（3）合同工期较短，一般为一年之内的工程。

2）固定单价合同

固定单价合同分为估算工程量单价合同与纯单价合同。

（1）估算工程量单价合同。

估算工程量单价合同是以工程量清单和工程单价表为基础和依据来计算合同价格的，也可称为计量估价合同。估算工程量单价合同通常是由发包方提出工程量清单，列出分部分项工程量，由承包方以此为基础填报相应单价，累计计算后得出合同价格。但最后的工程结算价应按照实际完成的工程量来计算，即按合同中的分部分项工程单价和实际工程量，计算得出工程结算和支付的工程总价格。

采用这种合同时，要求实际完成的工程量与原估计的工程量不能有实质性的变更。因为承包方给出的单价是以相应的工程量为基础，如果工程量大幅度增减，可能影响工程成本。不过，实践中往往很难确定工程量究竟有多大范围的变更才算实质性变更。这是采用这种合同计价方式需要考虑的一个问题。

有些固定单价合同规定，如果实际工程量与报价表中的工程量相差超过±10％时，允许承包方调整合同价，也有些固定单价合同在材料价格变动较大时，允许承包方调整单价。

采用估算工程量单价合同时，工程量是统一计算出来的，承包方只要经过复核后填上适当的单价，承担风险较小；发包方也只需审核单价是否合理即可，对双方来说都较为方便。由于具有这些特点，估算工程量单价合同是比较常见的一种合同计价方式。

估算工程量单价合同大多用于工期长、技术复杂、实施过程中可能会发生各种不可预见因素较多的建设工程。在施工图不完整，或当准备招标的工程项目内容、技术经济指标一时不能明确时，往往要采用这种合同计价方式。这样，在不能精确地计算出工程量的条件下，可以避免使发包或承包的任何一方承担过大的风险。

（2）纯单价合同。

采用纯单价计价方式的合同时，发包方只向承包方给出发包工程的有关分部分项工程以及工程范围，不对工程量作任何规定。即在招标文件中仅给出工程内各个分部分项工程一览表、工程范围和必要的说明，而不必提供实物工程量。承包方在投标时，只需要对这类给定范围的分部分项工程做出报价即可，合同实施过程中按实际完成的工程量进行结算。

纯单价合同计价方式主要适用于没有施工图或工程量不明确而急需开工的紧迫工程，如设计单位来不及提供正式施工图纸，或虽有施工图，但由于某些因素不能比较准确地计算工程量的情况。当然，对于纯单价合同来说，发包方必须对工程范围的划分做出明确的规定，以使承包方能够合理地确定工程单价。

2. 可调价合同

可调价是指合同总价或者单价,在合同实施期内根据合同约定的办法进行调整,即在合同的实施过程中可以按照约定,随资源价格等因素的变化而调整的价格。

1) 可调总价合同

可调合同的总价一般也是以设计图纸及规定、规范为基础,在报价及签约时,按招标文件的要求和当时的物价来计算合同总价。但合同总价是一个相对固定的价格,在合同执行过程中,由于通货膨胀而使所用的工料成本增加,可对合同总价进行相应的调整。

可调总价合同的合同总价不变,只是在合同条款中增加调价条款,如果出现通货膨胀这一不可预见的费用因素,合同总价就可按约定的调价条款做相应的调整。

可调总价合同列出的有关调价的特定条款,往往是在合同专用条款中列明,调价必须按照这些特定的调价条款进行。这种合同与固定总价合同的不同之处在于,它对合同实施中出现的风险做了分摊,发包方承担了通货膨胀的风险,而承包方承担合同实施中实物工程量、成本和工期因素等其他风险。

可调总价适用于工程内容和技术经济指标规定很明确的项目,由于合同中列有调值条款。所以工期在一年以上的工程项目较适于采用这种合同计价方式。

2) 可调单价合同

合同单价的可调整性,一般是在工程招标文件中规定、在合同中签订的单价,根据合同约定的条款。如在工程实施过程中物价发生变化等,可进行调整。有的工程在招标或签约时,因某些不确定因素而在合同中暂定某些分部分项工程的单价,在工程结算时,再根据实际情况和合同约定对合同单价进行调整,确定实际结算单价。

3. 成本加酬金合同

成本加酬金合同是将工程项目的实际投资划分成直接成本费和承包方完成工作后应得酬金两部分。工程实施过程中发生的直接成本费由发包方实报实销,再按合同约定的方式另外支付给承包方相应报酬。该合同方式主要适用于很难确定工作范围的工程和在设计完成之前就开始施工的工程。

以这种计价方式签订的工程承包合同有两个明显缺点:一是发包方对工程总价不能实施有效的控制;二是承包方对降低成本也不太感兴趣。因此,采用这种合同计价方式时,其条款必须非常严格。按照酬金的计算方式不同,成本加酬金合同又分为以下几种形式。

1) 成本加固定百分比酬金合同

采用这种合同计价方式,承包方的实际成本实报实销,同时按照实际成本的固定百分比付给承包方一笔酬金。工程的合同总价表达式为

$$C = C_d + C_d \times P \tag{3-1}$$

式中 C——合同价;

C_d——实际发生的成本;

P——双方事先商定的酬金固定百分比。

在成本加固定百分比酬金合同计价方式下,工程总价及付给承包方的酬金随工程成本而水涨船高,这不利于鼓励承包方降低成本,正是由于这种弊病所在,使得实际中很少采用这种合同计价方式。

2) 成本加固定金额酬金合同

采用这种合同计价方式与成本加固定百分比酬金合同相似,其不同之处仅在于在成本中所增加的费用是一笔固定金额的酬金。酬金一般是按估算工程成本的一定百分比确定,数额是固定不变的。计算表达式为

$$C = C_d + F \tag{3-2}$$

式中 F——双方约定的酬金具体数额。

成本加固定金额酬金计价方式的合同虽然也不能鼓励承包商关心和降低成本,但从尽快获得全部酬金、减少管理投入的角度出发,会有利于缩短工期。

采用上述两种合同计价方式时,为了避免承包方企图获得更多的酬金而对工程成本不加控制,往往在承包合同中规定一些补充条款,以鼓励承包方节约工程费用的开支,降低成本。

3) 成本加奖罚合同

成本加奖罚合同是在签订合同时,双方事先约定该工程的预期成本(或称目标成本)和固定酬金,以及实际发生的成本与预期成本比较后的奖罚计算办法。在合同实施后,根据工程实际成本的发生情况,确定奖罚的额度,当实际成本低于预期成本时,承包方除可获得实际成本补偿和酬金外,还可根据成本降低额得到一笔奖金;当实际成本大于预期成本时,承包方仅可得到实际成本补偿和酬金,并视实际成本高出预期成本的情况,被处以一笔罚金。成本加奖罚合同的计算表达式如下:

$$C = C_d + F \quad (C_d = C_0) \tag{3-3}$$
$$C = C_d + F + \Delta F \quad (C_d < C_0) \tag{3-4}$$
$$C = C_d + F - \Delta F \quad (C_d > C_0) \tag{3-5}$$

式中 C_0——签订合同时双方约定的预期成本;

ΔF——奖罚金额(可以是百分数,也可以是绝对数,奖与罚可以是不同计算标准)。

成本加奖罚合同计价方式可以促使承包方关心和降低成本,缩短工期,而且目标成本可以随着设计的进展而加以调整,所以承包、发包双方都不会承担太大的风险,故这种合同计价方式在实际中应用较多。

4) 最高限额成本加固定最大酬金合同

在这种计价方式的合同中,首先要确定最高限额成本、报价成本和最低成本,当实际成本没有超过最低成本时,承包方花费的成本费用及应得酬金等都可得到发包方的支付,并与发包方分享节约额;如果实际成本在最低成本和报价成本之间,承包方只可以得到成本和酬金;如果实际成本在报价成本与最高限额成本之间,则承包方只可以得到全部成本;如实际工程成本超过最高限额成本,则发包方不予支付超过的部分。

最高限额成本加固定最大酬金合同的计价方式有利于控制工程投资,并能鼓励承包方最大限度地降低工程成本。

4. 施工合同类型的选择

施工合同选择原则见表 3-2。选择合同类型应考以下因素。

表 3-2　建设工程施工合同类型的选择原则

合 同 类 型		固定价格合同	可调价格合同	成本加酬金合同
选择原则	项目规模和工期长短	规模小,工期短	规模和工期适中	规模大,工期长
	项目的竞争情况	激烈	正常	不激烈
	项目的复杂程度	低	中	高
	单项工程的明确程度	类别和工程量都很清楚	类别清楚,工程量有出入	类别与工程量都不甚清楚
	项目准备时间的长短	高	中	低
	项目的外部环境因素	良好	一般	恶劣

(1) 项目规模和工期长短:如果项目的规模较小,工期较短,则合同类型的选择余地较大,可选择总价合同、单价合同及成本加酬金合同;如果项目规模大,工期长,则项目的风险也大,合同履行中的不可预测因素也多,这类项目不宜采用总价合同。

(2) 项目的竞争情况。

(3) 项目的复杂程度:项目的复杂程度较高,选用总价合同的可能性较小。如项目复杂程度低,则业主对合同类型的选择握有较大的主动权。

(4) 项目的单项工程的明确程度。

(5) 项目准备时间的长短。

(6) 项目的外部环境因素。

【例 3-1】 背景:某投标人通过资格预审后,对招标文件进行了仔细分析,发现招标人所提出的工期要求过于苛刻,且合同条款中规定每拖延 1d 工期罚合同价的 1%。若要保证实现该工期要求,必须采取特殊措施,从而大大增加成本;还发现原设计结构方案采用框架剪力墙体系过于保守。因此,该投标人在投标文件中说明招标人的工期要求难以实现,因而按自己认为的合理工期(比招标人要求的工期增加 6 个月)编制施工进度计划,并据此报价;还建议将框架剪力墙体系改为框架体系,并对这两种结构体系进行了技术经济分析和比较,证明框架体系不仅能保证工程结构的可靠性和安全性,增加使用面积,提高空间利用的灵活性,而且可降低造价约 3%,并按照框架剪力墙体系和框架体系分别报价。

该投标人将技术标和商务标分别封装,在封口处加盖本单位公章和项目经理签字后,在投标截止日期前一天上午将投标文件报送招标人。次日(即投标截止日当天)下午,在规定的开标时间前 1h,该投标人又递交了一份补充材料,其中声明将原报价降低 4%。但是,招标人的有关工作人员认为,根据国际上"一标一投"的惯例,一个投标人不得递交两份投标文件,因而拒收该投标人的补充材料。

开标会由市招投标办的工作人员主持,各投标人代表均到场。开标前,工作人员对各投标人的资质及所有投标文件进行审查,确认所有投标文件均有效后,正式开标,主持人宣读投标人名称、投标价格、投标工期和有关投标文件的重要说明。

问题:

(1) 该投标人运用了哪几种报价技巧? 其运用是否得当? 请逐一加以说明。

(2) 招标人对投标人进行资格预审时,应包括哪些内容?

(3) 从所介绍的背景资料来看,在该项目招标程序中存在哪些不妥之处? 请分别作简单说明。

项目小结

本章介绍了建设工程招投标阶段工程造价管理的主要内容。

(1) 建设工程招投标的概念、意义以及招投标的基本原则。

(2) 建设项目招标的范围、种类、方式以及招标的条件、流程、招标控制价的编制方法。

(3) 建设项目施工投标的基本要求及投标程序。

(4) 建设项目标底价、投标报价以及合同价款的确定。

【学习笔记】

练 一 练

一、单项选择题

1. 招标单位通过报刊、广播、电视等方式发布招标广告,吸引施工企业前来投标以承担建设项目施工任务的过程称为(　　)。

　　A. 公开招标　　　　B. 邀请招标　　　　C. 协商议标　　　　D. 直接定标

2. (一级造价师 2018 年真题)根据《招标投标法实施条例》,对于依法必须进行招标的项目,可以不进行招标的情形是(　　)。

　　A. 受自然环境限制,只有少量潜在投标人

　　B. 需要采用不可替代的专利或者专有技术

　　C. 招标费用占项目合同金额的比例过大

　　D. 因技术复杂,只有少量潜在投标人

3. 下列排序符合《招标投标法》和《工程建设项目施工招标办法》规定的招标程序的是(　　)。

①发布招标公告　②资质审查　③接受投标书　④开标,评标

　　A. ①②③④　　　　B. ②①③④　　　　C. ①③④②　　　　D. ①③②④

4. 根据《招标投标法》,两个以上法人或者其他组织组成一个联合体,以一个投标人的身份共同投标的是(　　)。

　　A. 联合投标　　　　B. 共同投标　　　　C. 合作投标　　　　D. 协作投标

5. 对于建设项目施工招标的标底,下面的表述最完整的是(　　)。

　　A. 施工招标必须编制标底　　　　　　B. 施工招标可以不编制标底

　　C. 施工招标的标底可编可不编　　　　D. 标底文件必须经过政府审查

6. A 施工企业拟对某市一大型商业建筑工程进行投标,A 施工企业不需要具备的基本条件是(　　)。

　　A. 企业近 3 年没有违法行为　　　　B. 企业具有招标条件要求的资质等级

　　C. 企业近几年有较好的安全记录　　D. 企业的总经理必须是监理工程师

7. 采用不平衡报价法,下列做法错误的是(　　)。

　　A. 设计图纸不明确估计修改后工程量要增加的,可以提高单价

　　B. 能够早日结账收款的项目可适当提高单价

　　C. 计后工程量增加项目单价适当提高单价

　　D. 施工条件好、工作简单、工作量大的工程报价可高一些

8. 下列不同计价方式的合同中。施工承包单位风险大,建设单位容易运行造价控制的是(　　)。

　　A. 单价合同　　　　　　　　　　　B. 成本加浮动酬金合同

　　C. 总价合同　　　　　　　　　　　D. 成本加百分比酬金合同

二、多选题择题

1. (2019 年一级造价师真题)下列行为中,属于招标人与投标人串通的有(　　)。

　　A. 招标人明示投标人压低投标报价　　B. 招标人授意投标人修改投标文件

　　C. 招标人向投标人公布招标控制价　　D. 招标人向投标人透漏招标标底

　　E. 招标人组织投标人进行现场踏勘

2. 编制投标报价时,应遵循的原则有( )。

    A. 投标人自主确定报价   B. 投标报价不得低于成本

    C. 应考虑工期提前的费用要求   D. 利用预算定额进行报价

    E. 投标人可以按招标工程量清单以及单价项目、总价项目等进行报价

3. 采用多方案报价法,可降低投标风险,但投标工作量较大。通常适用的情形是( )。

    A. 招标文件中的工程范围不明确

    B. 单价与包干混合制合招标人要求有些项目采用包干报价时

    C. 项目在完成后全部按报价结算

    D. 条款不是很清楚或很不公正

    E. 技术规范要求过于苛刻的工程

4. 报价技巧是指投标中具体采用的对策和方法、需用的报价技巧有( )。

    A. 突然涨价法   B. 单方案报价法   C. 不平衡报价法

    D. 无利润竞标法   E. 突然降价法

三、简答题

1. 简述投标工作的程序。

2. 简述投标单位的基本要求。

3. 简述合同的类型。

四、案例分析题

背景资料:某中学拟建一教学楼,建设投资由市教育局拨款。在设计方案完成之后,教育局委托市招标投标中心对该楼的施工进行公开招标。有6家施工企业报名参加投标经过资格预审,只有甲、乙、丙3家施工企业符合条件,参加了最终的投标。各投标企业按技术标与商务标分别装订报送审查。招标投标中心规定的施工评标定标办法如表3-3所示。

表3-3 评标细则

评 定 项 目	分值	评 标 办 法
一、商务标	82	
1. 投标报价	50	满分50分。最终报价比评标价每增加0.5%扣2分,每减少0.5%扣1分(不足0.5%不计)
2. 质量	10	质量目标符合招标单位要求者得1分。上年度施工企业工程质量一次验收合格率达100%者得2分,达不到100%的不得分。优良率在40%以上,且优良工程面积10000m² 以上者的得2分。以40%、10000m² 为基数,优良率每增加10%,且优良工程面积每增加5000m² 加1分,不足10%、5000m² 不计,加分最高不超过5分
3. 项目经理	15	
3.1 业绩	8	该项目经理上两年度完成的工程,获国家优良工程每100m² 加0.04分;获省级优良工程每100m² 加0.03分;获市优良工程每100m² 加0.02分。不足100m² 不计分,其他优良工程参照市优良工程打分,但所得分数乘以80%。同一工程获多个奖项,只计最高级别奖项的分数,不重复计分。最高计至8分

续表

评定项目	分值	评标办法
3.2 安全文明施工	4	该项目经理上两年度施工的工程获国家级安全文明工地的工程每 100m² 加 0.02 分；获省级安全文明工地的工程每 100m² 加 0.01 分，不足 100m² 的不计分，同一工程获多个奖项，只计最高级别奖项的分数，不重复计分，最高计至 4 分
3.3 答辩	3	由项目经理从题库中抽取 3 个题目，回答每个得 1 分，根据答辩情况酌情给分
4. 社会信誉	5	
4.1 类似工程经验	2	企业两年来承建过同类项目一座且达到合同目标得 2 分，否则不得分
4.2 质量体系认证	2	企业通过 ISO 国际认证体系得 2 分，否则不得分
4.3 投标情况	1	近一年来投标中未发生任何违纪、违规者得 1 分，否则不得分
5. 工期	2	工期在定额工期的 75%～100% 范围内得 2 分，否则不得分
二、技术标	18	工期安排合理得 1 分；工序衔接合理得 1 分；进度控制点设置合适得 1 分；施工方案合理先进得 4 分；施工平面布置合理、机械设备满足工程需要得 4 分；管理人员及专业技术人员配备齐全、劳动力组织均衡得 4 分；质量安全管理体系可靠文明施工管理措施得力得 3 分。不足之处由评委根据标书酌情扣分

施工单位最终得分＝商务标得分＋技术标得分，得分最高者中标。

该工程的评标委员由教育局的 2 名代表与从专家库中抽出的 5 名专家共 7 人组成。商务标中的投标报价不设标底，以投标单位报价的平均值作为评标价商务标中的相关项目以投标单位提供的原件为准计分。技术标以各评委评分去掉一个最高分和最低分后的算术平均数计分。

各投标单位的技术标得分汇总表 3-4，各投标单位的商务标得分汇总见表 3-5。

表 3-4 各投标单位的技术标得分汇总

投标单位评委	一	二	三	四	五	六	七
甲	13.0	11.5	12.0	11.0	12.3	12.5	12.5
乙	14.5	13.5	14.5	13.0	13.5	14.5	14.5
丙	14.0	13.5	13.5	13.0	13.5	14.0	14.5

表 3-5 各投标单位的商务标得分汇总

投标单位	报价/万元	质量/分	项目经理/分	社会信誉/分	工期/分
甲	3278	8.0	13.5	5	2
乙	3320	8.0	14.3	3	2
丙	3361	9.0	12.4	4	2

问题：

（1）如果你负责本工程的招标，你将按照哪些思路做哪些工作？

（2）请选择中标单位。

知识点：

（1）招标、投标的规定及招标程序。

（2）评价方法及中标单位的选择。

项目 4 施工阶段工程造价管理

学习目标

思 政 目 标	知 识 目 标	技 能 目 标
施工阶段是资金投入量最大的阶段,由于工程变更、索赔以及各种不可预见因素等,使得施工阶段的造价管理难度加大。通过学习,引导读者及时进行工程计量与结算,依据事实处理索赔事件,能及时发现并处理投资偏差,有效控制工程造价	1. 能说出施工阶段影响工程造价的因素; 2. 准确描述合同价款调整的程序及内容; 3. 掌握工程索赔的概念、分类及常见的施工索赔的处理原则; 4. 能说出建设工程价款结算的概念及主要支付方式	1. 能正确进行工程索赔的处理及索赔费用、工期的计算; 2. 能进行工程价款结算; 3. 能对建设项目进行投资偏差分析

学习内容

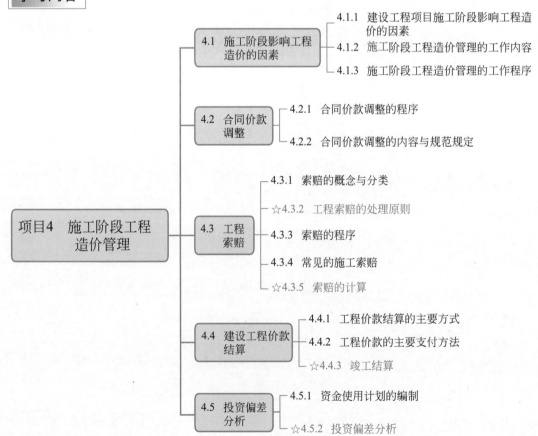

项目4　施工阶段工程造价管理

- 4.1 施工阶段影响工程造价的因素
  - 4.1.1 建设工程项目施工阶段影响工程造价的因素
  - 4.1.2 施工阶段工程造价管理的工作内容
  - 4.1.3 施工阶段工程造价管理的工作程序
- 4.2 合同价款调整
  - 4.2.1 合同价款调整的程序
  - 4.2.2 合同价款调整的内容与规范规定
- 4.3 工程索赔
  - 4.3.1 索赔的概念与分类
  - ☆4.3.2 工程索赔的处理原则
  - 4.3.3 索赔的程序
  - 4.3.4 常见的施工索赔
  - ☆4.3.5 索赔的计算
- 4.4 建设工程价款结算
  - 4.4.1 工程价款结算的主要方式
  - 4.4.2 工程价款的主要支付方法
  - ☆4.4.3 竣工结算
- 4.5 投资偏差分析
  - 4.5.1 资金使用计划的编制
  - ☆4.5.2 投资偏差分析

项目背景

2020 年 12 月 10 日,某工程项目发承包双方签订了工程施工合同,合同价为 4800 万元,管理费和利润为人材机费用之和的 18％,规费和税金为人材机费用与管理费利润总和之和的 16％。合同工期为 2021 年 1 月 11 日至 2021 年 10 月 31 日。

该工程如期开工后,发生如下事件。

工程所在地陆续发生新冠肺炎疫情,波及范围迅速扩大。针对疫情发展的严重事态,当地政府做出于 2021 年 1 月 24 日凌晨启动重大突发公共卫生事件一级响应的决定。该工程被迫停工。停工期间,工地现场留有 2 名看护人员,平均日工资为 150 元(春节 7d 法定假期为正常日工资的双倍);承包人自有的甲、乙、丙施工机械发生闲置,机械台班费分别为 860 元/d、340 元/d、120 元/d。

工程所在地的疫情得到有效控制,事态明显好转后,当地政府于 2021 年 3 月 20 日发布允许当地工程项目于 2021 年 4 月 1 日复工的通知。2021 年 3 月 22 日,该工程有关各参与方召开复工协商会议。会议决定,2021 年 4 月 1 日正式复工,并规定工程现场必须严格执行当地政府对疫情防控工作的各项规定。工程复工后,由于工作人员需执行疫情防护工作,导致施工降效,承发包双方经核实确认降效时段为 2021 年 4 月 1 日至 2021 年 4 月 30 日,人机综合降效 30％。因施工降效导致人机费用增加 12 万元。

2021 年 4 月 29 日,鉴于该工程工期延误时间太长,发包人要求承包人尽快制订赶工方案,弥补工期损失,由发包人支付赶工费用。2021 年 5 月 1 日,承包人提交的赶工方案被批准,确认赶工工期为 30d。降效赶工期间,人机增加费和技术措施费共计 24 万元。

在停工期间,尽管承包人采取了合理的材料保管措施,但由于工程停工时间过长,运进现场用于分项工程 H(施工持续时间为 30d)的材料 M 大部分遭到较严重损坏。经发承包双方核实确认,运进现场总数量为 5t,采购单价为 5000 元/t,其中有 3t 主要性能指标达不到设计要求,只能作废料处理,处理费用为 3000 元/t。

2021 年 5 月 8 日,发承包双方通过协商,确定缺少的 3t 材料 M 由承包人负责尽快采购。由于疫情期间的防疫管控,材料 M 当地短缺,需要异地购买,采购单价为 4800 元/t,但需要增加 300 元/t 的包装与运输费用,且材料 M 在分项工程 H 开始作业 10d 后才运进现场,发承包双方对材料数量和外观质量进行了检查确认,性能指标抽样检测合格。

工程停工期间和复工后,应疫情防控需要,承包人购买医用防护口罩、手套、体温测试仪、酒精、消毒水、喷雾器等防疫物品,工程现场人员进行 3 次核酸检测,共计费用为 51000 元。

根据工程所在地相关文件规定,因疫情停工期间,永久工程、已运至施工现场的材料、工程设备、周转性材料的损坏由发包人承担;承包人在施工场地的施工机械设备损坏及机械停滞台班等停工损失由承包人承担。因疫情事件增加的工程费用,只计取规费和税金,不计取管理费和利润。

自 2021 年 1 月 24 日至 6 月 15 日,承包人陆续向发包人提出了阶段性工程索赔通知,并于 2021 年 6 月 30 日,提交了累计索赔报告,索赔计算书主要内容如下。

1. 工期索赔计算

(1) 疫情影响的工期顺延,2021 年 1 月 24 日—2021 年 3 月 31 日,8＋29＋31＝68(d)。

(2) 施工降效影响的工期,30×30％＝9(d)。

（3）发包人批准的赶工工期，30d。

（4）疫情原因导致分项工程 H 需要的材料 M 进场延误 10d。

工期索赔合计：68＋9－30＋10＝57(d)

2. 费用索赔计算

（1）停工期间看护人员工资：

春节期间双倍工资：2×150×2×7＝4200(元)；

非春节期间工资：2×150×(68－7)＝18300(元)；

小计：18300＋4200＝22500(元)。

（2）停工期间机械设备闲置费用：(860＋340＋120)×68＝89760(元)。

（3）因施工降效增加人机费用：120000 元。

（4）材料 M 损失及处理费用：3×5000＋3000＝18000(元)。

（5）材料 M 采购及包装运输增加费用：3×(4800＋300)＝15300(元)。

（6）防疫措施费：51000 元。

（7）赶工 30d 增加费用：240000 元。

索赔费用合计：(22500＋89760＋120000＋18000＋15300＋51000＋240000)×(1＋18%)×(1＋16%)＝556560×1.3688＝761819.33(元)

如果你是造价工程师，你会如何处理施工单位提交的这份索赔报告？

4.1　施工阶段影响工程造价的因素

施工阶段是实现建设工程价值的主要阶段，也是资金投入量最大的阶段。在施工阶段，由于施工组织设计、工程变更、索赔、工程计量方式的差别，以及工程实施中各种不可预见因素的存在，使得施工阶段的造价管理难度加大。

在施工阶段，建设单位应通过编制资金使用计划，及时进行工程计量与结算，预防并处理好工程变更与索赔，有效控制工程造价。施工承包单位也应做好成本计划及动态监控等工作，综合考虑建造成本、工期成本、质量成本、安全成本、环保成本等全要素，有效控制施工成本。

4.1.1　建设工程项目施工阶段影响工程造价的因素

1. 工程计量

当工程采用单价合同形式时，工程进行价款支付应对已完工程进行计量，用于支付工程款。正确的计量是发包人向承包人支付工程进度款的前提和依据，若计量有偏差，将直接影响工程造价的高低。

2. 工程价款支付

工程价款支付包括工程备料款支付和工程进度款支付。工程备料款的支付额度及支付时间，工程进度款的付款周期、付款程序及付款额度，均是工程施工过程中造价控制的主要内容。

3. 工程变更

因施工条件改变、业主要求、监理指令或设计原因,使工程的质量、数量、性质、功能、施工次序、进度计划和实施方案发生变化,称为工程变更。工程变更包括设计变更、施工方案变更、进度计划变更和工程数量变更等。由于工程变更所引起的工程量的变化可能使项目的实际造价超出原来的合同价,所以在工程实施过程中,应严格控制工程变更,使实际造价控制在合同价以内。

4. 工程索赔

工程索赔是指在工程承包合同的履行过程中,当事人一方因对方不履行或不完全履行既定的义务,或对方的行为使权利人受到损失时,要求对方补偿的权利。由于施工现场条件的变化、气候条件的变化和施工进度的变化,规范、标准文件和施工图的变更、业主及监理人指令的错误、承包商的失误等导致工期的延误及费用的增加,使得工程承包中不可避免地出现索赔,进而导致工程项目造价发生变化。因此,索赔的控制是工程施工阶段造价控制的重要手段。

5. 工程价款调整

在履行工程承包合同的过程中,因国家的法律、法规、规章及政策发生变化;因施工中施工图(含设计变更)与工程量清单项目特征描述不一致;因分部分项工程量清单漏项或非承包人原因的工程变更,引起项目发生变化;因不可抗力事件导致的费用等造成合同发生变化时,需将经发包、承包双方确定调整的工程价款,作为追加(减)合同价款。

6. 工程价款结算

工程价款结算是指承包商在工程实施过程中,依据承包合同中关于付款条款的规定和已经完成的工程量,并按照规定程序向业主(建设单位)收取工程价款的一项经济活动。工程价款结算可以根据不同情况采用多种形式,如按月结算、竣工后一次结算、分段结算等。

建设工程施工阶段涉及的内容多、人员多,影响工程造价的因素多,与工程造价控制有关的工作也多。因此,在施工阶段进行工程造价控制时,要积极主动、密切关注各方面状况,使工程造价控制在合理范围内。

4.1.2 施工阶段工程造价管理的工作内容

施工阶段工程造价管理的主要任务是通过工程付款控制、工程变更费用控制、费用索赔的预防和挖掘节约工程造价的潜力,实现实际发生的费用不超过计划投资的目的。施工阶段工程造价控制应主要从组织、技术、经济、合同等方面进行。

1. 组织工作内容

(1) 在项目管理班子中落实负责工程造价控制的人员,确定其职能分工与任务分工。

(2) 编制本阶段工程造价控制的工作计划和详细的工作流程图。

2. 技术工作内容

(1) 对设计变更进行技术经济比较,严格控制设计变更。

(2) 在施工阶段,继续寻找通过设计挖掘节约造价的可能性。

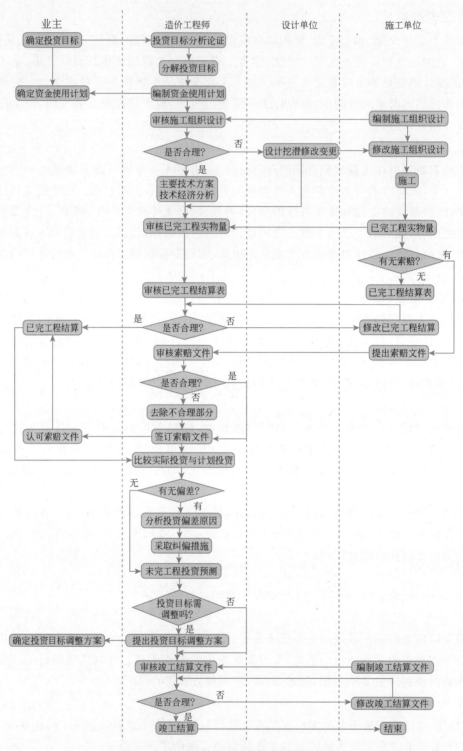

图 4-1 施工阶段工程造价控制的工作程序

（3）审核施工组织设计，并通过技术经济分析，优化施工方案。

3. 经济工作内容

(1) 编制资金使用计划,确定、分解工程造价控制目标。

(2) 对工程项目造价控制目标进行风险分析,并制订防范对策。

(3) 按照设计图及相关规定进行工程计量。

(4) 复核工程付款账单,签发付款证书。

(5) 在施工过程中进行工程造价跟踪控制,定期进行造价实际支出值与目标计划值的比较,若发现偏差,则分析偏差产生的原因,并做出未来支出预测,采取有效措施进行纠偏。

(6) 协商确定工程变更的价款。

(7) 审核竣工结算。

4. 合同工作内容

(1) 做好工程施工记录,保存各种文件、施工图,特别是注有实际施工变更情况的施工图,以便为正确处理可能发生的索赔提供依据。

(2) 严格遵从相关规定,及时提出索赔,并按一定程序及时处理索赔。

(3) 参与合同的修改、补充工作,着重考虑其对工程造价的影响。

4.1.3　施工阶段工程造价管理的工作程序

建设工程施工阶段承包商按照设计文件、合同的要求,通过施工生产活动完成建设工程项目产品的实物形态,建设工程项目投资的绝大部分支出都发生在这个阶段。由于建设工程项目施工是一个动态系统过程,涉及环节多,施工条件复杂,设计图纸、环境条件、工程变更、工程索赔、施工的工期与质量、人材机价格的变动、风险事件的发生等很多因素的变化都会直接影响工程的实际价格,这一阶段的工程造价最为复杂,因此应遵循一定的工作程序来管理施工阶段的工程造价,图 4-1 即为施工阶段工程造价控制的工作程序。

4.2　合同价款调整

《建设工程工程量清单计价规范》(GB 50500—2013)明确了在法律法规变化、工程变更等 15 种事项发生时,发承包双方应如何按照合同约定进行合同价款调整。

4.2.1　合同价款调整的程序

出现合同价款调增事项(不含工程量偏差、计日工、现场签证、施工索赔)后的 14d 内,承包人应向发包人提交合同价款调增报告,并附上相关资料,若承包人在 14d 内未提交合同价款调增报告,视为承包人对该事项不存在调整价款请求。

出现合同价款调减事项(不含工程量偏差、施工索赔)后的 14d 内,发包人应向承包人提交合同价款调减报告,并附相关资料,若发包人在 14d 内未提交合同价款调减报告,视为发包人对该事项不存在调整价款请求。

发(承)包人应在收到承(发)包人合同价款调增(减)报告及相关资料之日起 14d 内对其

进行核实,予以确认,并应书面通知承(发)包人。如有疑问,应向承(发)包人提出协商意见。发(承)包人在收到合同价款调增(减)报告之日起 14d 内未确认,也未提出协商意见的,视为承(发)包人提交的合同价款调增(减)报告已被发(承)包人认可。发(承)包人提出协商意见的,承(发)包人应在收到协商意见后的 14d 内对其核实,予以确认的,应书面通知发(承)包人。如承(发)包人在收到发(承)包人的协商意见后 14d 内既不确认,也未提出不同意见,视为发(承)包人提出的意见已被承(发)包人认可。

如发包人与承包人对合同价款调整的不同意见不能达成一致,只要不实质影响发承包双方履约时,双方应继续履行合同义务,直到其按照合同约定的争议解决方式得到处理。

经发承包双方确认调整的合同价款,作为追加(减)合同价款,应与工程进度款或结算款同期支付。

4.2.2 合同价款调整的内容与规范规定

1. 法律法规引起的价款调整

招标工程以投标截止日前 28d,非招标工程以合同签订前 28d 为基准日,其后国家的法律、法规、规章和政策发生变化引起工程造价增减变化的,发承包双方应当按照省级或行业建设主管部门或其授权的工程造价管理机构据此发布的规定调整合同价款。

因承包人原因导致工期延误,且调整时间在合同工程原定竣工时间之后,合同价款调增的不予调整,合同价款调减的予以调整。

2. 工程变更

在建设项目施工阶段,经常会发生一些与招标文件不一致的变化,如发包人对项目有了新要求,因设计错误导致图纸的修改,施工遇到了事先没有估计到的事件等,这些变化统称为工程变更。

关于工程变更的定义,变更是指"合同工程实施过程中由发包人提出或由承包人提出经发包人批准的合同工程任何一项工作的增、减、取消或施工工艺、顺序、时间的改变;设计图纸的修改;施工条件的改变;招标工程量清单的错漏,从而引起合同条件的改变或工程量的增减变化"。

工程变更的出现会导致建设项目工程量及施工进度发生变化,从而可能使项目实际造价超出原来的预算造价。

工程变更可能来源于多方面,如设计原因、建设单位原因、承包商原因、监理工程师原因等。不论任何一方提出的工程变更,均应由现场监理工程师确认,并签发工程变更指令后才能实施。

1) 工程变更的范围和变更权

除专用合同条款另有约定外,合同履行过程中发生以下情形的,应当按照合同约定的程序进行工程变更。

(1)增加或减少合同中任何工作,或追加额外的工作。

(2)取消合同中任何工作,但转由他人实施的工作除外。

(3)改变合同中任何工作的质量标准或其他特性。

(4)改变工程的基线、标高、位置和尺寸。

（5）改变工程的时间安排或实施顺序。

发包人和监理人均可以提出变更。变更指示均通过监理人发出，监理人发出变更指示前，应征得发包人同意。承包人收到经发包人签认的变更指示后，方可实施变更。未经许可，承包人不得擅自对工程的任何部分进行变更。

涉及设计变更的，应由设计人提供变更后的图样和说明。如变更超过原设计标准或批准的建设规模时，发包人应及时办理规划、设计变更等审批手续。

2）变更估价程序

承包人应在收到变更指示后 14d 内，向监理人提交变更估价申请。监理人应在收到承包人提交的变更估价申请后 7d 内审查完毕，并报送发包人，监理人对变更估价申请有异议，通知承包人修改后重新提交。发包人应在承包人提交变更估价申请后 14d 内审批完毕。发包人逾期未完成审批或未提出异议的，视为认可承包人提交的变更估价申请，如图 4-2 所示。

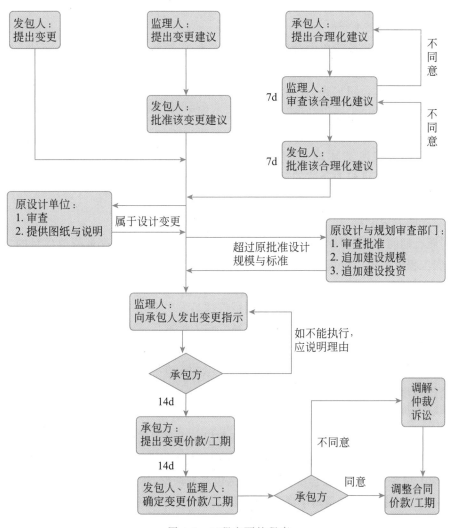

图 4-2 工程变更的程序

因变更引起的价格调整应计入最近一期的进度款中支付。

3）工程变更的价款调整方法

工程变更引起分部分项工程项目发生变化的，应按照下列规定调整。

（1）已标价工程量清单中有适用于变更工程项目的，且工程变更导致的该清单项目的工程数量变化不足 15％时，采用该项目的单价。直接采用适用的项目单价的前提是其采用的材料、施工工艺和方法相同，也不因此增加关键线路上工程的施工时间。

（2）已标价工程量清单中没有适用，但有类似于变更工程项目的，可在合理范围内参照类似项目的单价或总价调整。采用类似的项目单价的前提是其采用的材料、施工工艺和方法基本相似，不增加关键线路上工程的施工时间，可仅就其变更后的差异部分，参考类似的项目单价由承发包双方协商新的项目单价。

（3）已标价工程量清单中没有适用也没有类似于变更工程项目的，由承包人根据变更工程资料、计量规则和计价办法、工程造价管理机构发布的信息（参考）价格和承包人报价浮动率，提出变更工程项目的单价或总价，报发包人确认后调整。

3. 项目特征描述不符

发包人在招标工程量清单中对项目特征的描述，应被认为是准确的和全面的，并且与实际施工要求相符合。承包人应按照发包人提供的招标工程量清单，根据其项目特征描述的内容及有关要求实施合同工程，直到其被改变为止。

承包人应按照发包人提供的设计图样实施合同工程，若在合同履行期间，出现设计图样（含设计变更）与招标工程量清单任一项目的特征描述不符，且该变化引起该项目的工程造价增减变化的，应按照实际施工的项目特征按《建设工程工程量清单计价规范》（GB 50500—2013）工程变更相关条款的规定重新确定相应工程量清单项目的综合单价，调整合同价款。

4. 工程量清单缺项

合同履行期间，由于招标工程量清单中缺项，新增分部分项工程量清单项目的，应按照《建设工程工程量清单计价规范》（GB 50500—2013）工程变更估价规定确定单价，调整合同价款。

新增分部分项工程量清单项目后，引起措施项目发生变化的，应按照工程变更引起措施项目变化的规定，在承包人提交的实施方案被发包人批准后，调整合同价款。

由于招标工程量清单中措施项目缺项，承包人应将新增措施项目实施方案提交发包人批准后，按照《建设工程工程量清单计价规范》（GB 50500—2013）工程变更估价规定以及变更引起措施项目发生变化的估价规定调整合同价款。

5. 工程量偏差

合同履行期间，若应予计算的实际工程量与招标工程量清单出现偏差，双方应按照下列规定调整合同价款。出现工程量单价与发包人招标控制价相应清单项目的综合单价偏差超过 15％，则工程变更项目的综合单价可由发承包双方调整，然后按下述两种方法调整。

（1）对于任一招标工程量清单项目，如果因本条规定的工程量偏差和工程变更等导致工程量偏差超过 15％，调整的原则如下：当工程量增加 15％以上时，其增加部分的工程量的综合单价应予调低；当工程量减少 15％以上时，减少后剩余部分的工程量的综合单价应予调高。

（2）如果工程量变化，引起相关措施项目相应发生变化，按系数或单一总价方式计价的，工程量增加的措施项目费调增，工程量减少的措施项目费调减。

【例 4-1】 某工程工程量清单中机械挖土方的工程量为 10000m³，合同中规定工程单价为 6 元/m³，实际工程量超过 10％时，调整单价，单价为 5.5 元/m³，施工中由于工程变更，实际完成土方工程量 14000m³，则该项工程价款为多少？

---

6. 计日工

发包人通知承包人以计日工方式实施的零星工作，承包人应予执行。

采用计日工计价的任何一项变更工作，承包人应在该项变更的实施过程中，按合同约定提交以下报表和有关凭证送发包人复核。

（1）工作名称、内容和数量。

（2）投入该工作所有人员的姓名、工种、级别和耗用工时。

（3）投入该工作的材料名称、类别和数量。

（4）投入该工作的施工设备型号、台数和耗用台时。

（5）发包人要求提交的其他资料和凭证。

任一计日工项目持续进行时，承包人应在该项工作实施结束后的 24h 内，向发包人提交一式三份有计日工记录汇总的现场签证报告。发包人在收到承包人提交现场签证报告后的 2d 内予以确认，并将其中一份返还给承包人，作为计日工计价和支付的依据。发包人逾期未确认，也未提出修改意见的，视为承包人提交的现场签证报告已被发包人认可。

任一计日工项目实施结束，发包人应按照确认的计日工现场签证报告核实该类项目的工程数量，并根据核实的工程数量和承包人已标价工程量清单中的计日工单价计算，提出应付价款；已标价工程量清单中没有该类计日工单价的，由发承包双方按《建设工程工程量清单计价规范》(GB 50500—2013)工程变更估价规定商定计日工单价计算。

每个支付期末，承包人应按照《建设工程工程量清单计价规范》(GB 50500—2013)相应规定向发包人提交本期间所有计日工记录的签证汇总表，以说明本期间自己认为有权得到的计日工价款，调整合同价款，列入进度款支付。

7. 物价变化

合同履行期间，因人工、材料、工程设备、机械台班价格波动影响合同价款时应根据合同约定的《建设工程工程量清单计价规范》(GB 50500—2013)调整合同价款。

承包人采购材料和工程设备的，应在合同中约定主要材料、工程设备价格变化的范围或幅度，如没有约定，则材料、工程设备单价变化超过 5％时，超过部分的价格应按照价格指数调整法或造价信息差额调整法（详见《建设工程工程量清单计价规范》(GB 50500—2013)）计算调整材料、工程设备费。

执行上述规定时，发生合同工程工期延误的，应按照下列规定确定合同履行期用于调整的价格。

(1) 因发包人原因导致工期延误的,则计划进度日期后续工程的价格,采用计划进度日期与实际进度日期两者的较高者。

(2) 因承包人原因导致工期延误的,则计划进度日期后续工程的价格,采用计划进度日期与实际进度日期两者的较低者。

其他发包人供应材料和工程设备价格变化情形,由发包人按照实际变化调整,列入合同工程的工程造价内。

8. 暂估价

在工程招标阶段已经确定的材料、工程设备或专业工程项目,但无法在当时确定准确价格,而可能影响招标效果时,可由发包人在工程量清单中给定一个暂估价。确定暂估价实际开支分三种情况。

(1) 依法必须招标的材料、工程设备和专业工程:发包人在工程量清单中给定暂估价的材料、工程设备和专业工程属于依法必须招标的范围,并达到规定的规模标准时,由发包人和承包人以招标的方式选择供应商或分包人。发包人和承包人的权利义务关系在专用合同条款中约定。中标金额与工程量清单中所列的暂估价的金额差以及相应的税金等其他费用列入合同价格。

(2) 依法不需要招标的材料、工程设备:发包人在工程量清单中给定暂估价的材料和工程设备不属于依法必须招标的范围,或未达到规定的规模标准时,应由承包人提供。经监理人确认的材料、工程设备的价格与工程量清单中所列的暂估价的金额差以及相应的税金等其他费用列入合同价格。

(3) 依法不需要招标的专业工程:发包人在工程量清单中给定暂估价的专业工程不属于依法必须招标的范围,或未达到规定的规模标准时,由监理人按照合同约定的变更估价原则进行估价。经估价的专业工程与工程量清单中所列的暂估价的金额差以及相应的税金等其他费用列入合同价格。

价款调整规定如下。

(1) 发包人在招标工程量清单中给定暂估价的材料、工程设备属于依法必须招标的,由发承包双方以招标的方式选择供应商,确定其价格,并以此为依据取代暂估价,调整合同价款。

(2) 发包人在招标工程量清单中给定暂估价的材料和工程设备不属于依法必须招标的,由承包人按照合同约定采购,经发包人确认后,以此为依据取代暂估价,调整合同价款。

(3) 发包人在工程量清单中给定暂估价的专业工程不属于依法必须招标的,应按照《建设工程工程量清单计价规范》(GB 50500—2013)工程变更估价相应条款的规定确定专业工程价款,并以此为依据取代专业工程暂估价,调整合同价款。

(4) 发包人在招标工程量清单中给定暂估价的专业工程,依法必须招标的,应当由发承包双方依法组织招标选择专业分包人,并接受有管辖权的建设工程招标投标管理机构的监督。

(5) 除合同另有约定外,承包人不参加投标的专业工程分包招标,应由承包人作为招标人,但拟定的招标文件、评标工作、评标结果应报送发包人批准。与组织招标工作有关的费用应当被认为已经包括在承包人的签约合同价(投标总报价)中。

（6）承包人参加投标的专业工程分包招标，应由发包人作为招标人，与组织招标工作有关的费用由发包人承担。同等条件下，应优先选择承包人中标。

（7）以专业工程分包中标价为依据取代专业工程暂估价，调整合同价款。

9. 不可抗力

因不可抗力事件导致的人员伤亡、财产损害及其费用增加，发承包双方应按以下原则分别承担相关费用，并调整合同价款和工期。

（1）合同工程本身的损害，因工程损害导致第三方人员伤亡和财产损失，以及运至施工场地用于施工的材料和待安装的设备的损害，由发包人承担。

（2）发包人、承包人人员伤亡由其所在单位负责，并承担相应费用。

（3）承包人的施工机械设备损坏及停工损失，由承包人承担。

（4）停工期间，承包人应发包人要求留在施工场地的必要的管理人员及保卫人员的费用由发包人承担。

（5）工程所需清理、修复费用，由发包人承担。

不可抗力解除后复工的，若不能按期竣工，应合理延长工期，发包人要求赶工的，赶工费用由发包人承担。

因不可抗力解除合同的，按《建设工程工程量清单计价规范》（GB 50500—2013）规定办理已完工程未支付款项。

10. 提前赶工（赶工补偿）

招标人应当依据相关工程的工期定额合理计算工期，压缩的工期天数不得超过定额工期的 20%，超过者，应在招标文件中明示增加赶工费用。

如发包人要求合同工程提前竣工，应征得承包人同意后，与承包人商定采取加快工程进度的措施，并修订合同工程进度计划。发包人应承担承包人由此增加的提前竣工（赶工补偿）费用。

发承包双方应在合同中约定提前竣工每日历天应补偿额度，将此项费用作为增加合同价款，列入竣工结算文件中，与结算款一并支付。

11. 误期赔偿

如果承包人未按照合同约定施工，导致实际进度迟于计划进度的，承包人应加快进度，实现合同工期。

合同工程发生误期，承包人应赔偿发包人由此造成的损失，并按照合同约定向发包人支付误期赔偿费。即使承包人支付误期赔偿费，也不能免除承包人按照合同约定应承担的任何责任和应履行的任何义务。

发承包双方应在合同中约定误期赔偿费，明确每日历天的应赔额度。应将误期赔偿费列入竣工结算文件中，在结算款中扣除。

如果在工程竣工之前，合同工程内的某单项（位）工程已通过了竣工验收，且该单项（位）工程接收证书中表明的竣工日期并未延误，而是合同工程的其他部分产生了工期延误，则误期赔偿费应按照已颁发工程接收证书的单项（位）工程造价占合同价款的比例幅度予以扣减。

12. 索赔

索赔是指向责任方追索补偿的行为，4.3节将进行详细介绍。

13. 现场签证

承包人应发包人要求完成合同以外的零星项目、非承包人责任事件等工作的,发包人应及时以书面形式向承包人发出指令,提供所需的相关资料;承包人在收到指令后,应及时向发包人提出现场签证要求。

承包人应在收到发包人指令后的 7d 内,向发包人提交现场签证报告,发包人应在收到现场签证报告后的 48h 内对报告内容进行核实,予以确认或提出修改意见。发包人在收到承包人现场签证报告后的 48h 内未确认,也未提出修改意见的,视为承包人提交的现场签证报告已被发包人认可。

现场签证的工作如已有相应的计日工单价,则现场签证中应列明完成该类项目所需的人工、材料、工程设备和施工机械台班的数量。

如现场签证的工作没有相应的计日工单价,应在现场签证报告中列明完成该签证工作所需的人工、材料设备和施工机械台班的数量及其单价。

合同工程发生现场签证事项,未经发包人签证确认,承包人便擅自施工的,除非征得发包人书面同意,否则发生的费用由承包人承担。

现场签证工作完成后的 7d 内,承包人应按照现场签证内容计算价款,报送发包人确认后,作为增加合同价款,与进度款同期支付。

承包人在施工过程中,若发现合同工程内容因场地条件、地质水文、发包人要求等不一致时,应提供所需的相关资料,提交发包人签证认可,作为合同价款调整的依据。

14. 暂列金额

暂列金额只能按照监理人的指示使用,并对合同价格进行相应调整。尽管暂列金额列入合同价格,但并不属于承包人所有,也不必然发生。只有按照合同约定实际发生后,才成为承包人的应得金额,纳入合同结算价款中。扣除实际发生额后的暂列金额仍属于发包人所有。

发包人认为有必要时,由监理人通知承包人以计日工方式实施变更的零星工作,其价款按列入已标价工程量清单中的计日工计价子目及其单价进行计算。采用计日工计价的任何一项变更工作,应从暂列金额中支付,承包人应在该项变更的实施过程中,每天提交以下报表和有关凭证报送监理人审批。

(1) 工作名称、内容和数量。

(2) 投入该工作所有人员的姓名、工种、级别和耗用工时。

(3) 投入该工作的材料类别和数量。

(4) 投入该工作的施工设备型号、台数和耗用台时。

(5) 监理人要求提交的其他资料和凭证。

计日工由承包人汇总后,在每次申请进度款支付时列入进度付款申请单,由监理人复核并经发包人同意后列入进度付款。

15. 发、承包双方约定的其他调整事项

本节不列发、承包双方约定的其他调整事项,有兴趣的读者可以参阅其他相关书籍。

【例 4-2】 项目背景:某施工单位(承包人)于 2022 年 2 月参加某综合楼工程的投标,根据业主提供的全部施工图纸和工程量清单提出报价并中标,2022 年 10 月开始施工。该工程采用的合同方式为以工程量清单为基础的固定单价合同。计价依据为《建设工程工程量清单计价规范》。合同约定了合同价款的调整因素和调整方法,摘要如下。

1) 合同价款的调整因素

(1) 分部分项工程量清单:设计变更、施工洽商部分据实调整。由于工程量清单的工程数量与施工图纸之间存在差异,幅度在±3%以内的,不予调整;超出±3%的部分据实调整。

(2) 措施项目清单:投标报价中的措施费,包干使用,不做调整。

(3) 综合单价的调整:出现新增、错项、漏项的项目或原有清单工程量变化超过±10%的调整综合单价。

2) 调整综合单价的方法

(1) 由于工程量清单错项、漏项或设计变更、施工洽商引起新的工程量清单项目,其相应综合单价由承包人根据当期市场价格水平提出,经发包人确认后作为结算的依据。

(2) 由于工程量清单的工程数量有误或设计变更、施工洽商引起工程量增减,幅度在10%以内的,执行原有综合单价;幅度在10%以外的,其增加部分的工程量或减少后剩余部分的工程量的综合单价由承包人根据当期市场价格水平提出,经发包人确认后,作为结算的依据。

施工过程中发生了以下事件。

事件一:工程量清单给出的基础垫层工程量为180m²,而根据施工图纸计算的垫层工程量为185m³。

事件二:工程量清单给出的挖基础土方工程量为9600m²,而根据施工图纸计算的挖基础土方工程量为10080m³。挖基础土方的综合单价为40元/m³。

事件三:合同中约定的施工排水、降水费用为133000元,施工过程中考虑到该年份雨水较多,施工排水、降水费用增加到140000元。

事件四:施工过程中。由于预拌混凝土出现质量问题,导致部分梁的承载能力不足。经设计和业主同意,对梁进行了加固,设计单位进行了计算并提出加固方案,由于此项设计变更造成费用增加8000元。

事件五:因业主改变部分房间用途,提出设计变更,防静电活动地面由原来的400m²增加到500m²,合同确定的综合单价为420元/m²,施工时市场价格水平发生变化,施工单位根据当时市场价格水平,确定综合单价为435元/m²,经业主和监理工程师审核并批准。

问题:

(1) 该工程采用的是固定单价合同,合同中又约定了综合单价的调整方法,该约定是否妥当? 为什么?

(2) 该项目施工过程中所发生的以上事件,是否可以进行相应合同价款的调整? 如可以调整,应如何调整?

4.3 工 程 索 赔

微课：工程索赔

4.3.1 索赔的概念与分类

1. 工程索赔的概念

工程索赔是在工程承包合同履行中，当事人一方由于另一方未履行合同所规定的义务，或者出现了应当由对方承担的风险而遭受损失时，向另一方提出赔偿要求的行为。在实际工作中，索赔是"双向"的，既包括承包人向发包人提出的索赔，也包括发包人向承包人提出的索赔。但在工程实践中，发包人索赔数量较小，而且处理方便，可以通过冲账、扣拨工程款、扣保证金等实现对承包人的索赔；而承包人对发包人的索赔则比较困难一些。通常情况下，索赔是指在合同实施过程中，承包人（施工单位）对非自身原因造成的损失而要求发包人给予补偿的一种权利要求。而发包人对承包商提出的索赔则通常称为反索赔。

2. 工程索赔的分类

1）按索赔的当事人分类

根据索赔的合同当事人不同，可以将工程索赔分为以下两种。

（1）承包人与发包人之间的索赔：该类索赔发生在建设工程设置合同的双方当事人之间，既包括承包人向发包人的索赔，也包括发包人向承包人的索赔。但是在工程实践中，经常发生的索赔事件，大都是承包人向发包人提出的，本书所提及的索赔，如果未作特别说明，即指此类情形。

（2）总承包人和分包人之间的索赔：在建设工程分包合同履行过程中，索赔事件发生后，无论是发包人还是总承包人的原因所致，分包人都只能向总承包人提出索赔要求，而不能直接向发包人提出。

2）按索赔目的和要求分类

根据索赔的目的和要求不同，可以将工程索赔分为工期索赔和费用索赔。

（1）工期索赔一般是指承包人依据合同约定，对因非自身原因导致的工期延误向发包人提出工期顺延的要求。

（2）费用索赔的目的是要求补偿承包人（或发包人）经济损失，费用索赔的要求如果获得批准，必然会引起合同价款的调整。

3）按索赔事件的性质分类

根据索赔事件的性质不同，可以将工程索赔分为以下几种。

（1）工程延误索赔：因发包人未按合同要求提供施工条件，或因发包人指令工程暂停或不可抗力事件等原因造成工期拖延的，承包人可以向发包人提出索赔；如果由于承包人原因导致工期拖延，发包人可以向承包人提出索赔。

（2）加速施工索赔：由于发包人指令承包人加快施工速度，缩短工期，引起承包人的人力、物力、财力的额外开支而提出的索赔。

（3）工程变更索赔：由于发包人指令增加或减少工程量，或增加附加工程、修改设计、变更工程顺序等，造成工期延长和（或）费用增加，承包人就此提出索赔。

（4）合同终止的索赔：由于发包人违约或发生不可抗力事件等造成合同非正常终止，承包人因其遭受经济损失而提出索赔。如果由于承包人的原因导致合同非正常终止，或者合同无法继续履行，发包人可就此提出索赔。

（5）不可预见的不利条件索赔：承包人在工程施工期间，施工现场遇到一个有经验的承包人通常不能合理预见的不利施工条件或外界障碍，例如，地质条件与发包人提供的资料不符，出现不可预见的地下水、地质断层、溶洞、地下障碍物等，承包人可就因此遭受的损失提出索赔。

（6）不可抗力事件的索赔：工程施工期间因不可抗力事件的发生而遭受损失的一方，可以根据合同中对不可抗力风险分担的约定，向对方当事人提出索赔。

（7）其他索赔：如因货币贬值、汇率变化、物价上涨、政策法令变化等原因引起的索赔。

4.3.2　工程索赔的处理原则

1. 索赔必须以合同为依据

不论索赔事件的发生属于哪一种原因，都必须在合同中找到相应的依据，当然，有些依据可能隐含在合同中。工程师依据合同和事实对索赔进行处理是其公平性的重要体现。

2. 索赔按规定程序提出与回复

索赔事件发生后，应当及时提出索赔，也应当及时处理索赔。索赔处理不及时，对双方都会产生不利的影响，如承包人的索赔长期得不到合理解决，索赔堆积的结果会导致其资金困难，同时会影响工程进度，给双方都带来不利的影响。处理索赔时，既要考虑到合同的有关规定，也应当考虑到工程的实际情况。

3. 认真审核索赔理由和依据

应对索赔方提出的索赔要求进行评审、反驳与修正。首先是审核这项索赔要求有无合同依据，即看对方有没有该项索赔权。在审核过程中，要全面参阅合同文件中的所有有关合同条款，客观评价、实事求是、慎重对待。对不符合合同文件规定的索赔要求，则认为索赔方没有索赔权，但要防止有意轻率否定的倾向，避免合同争端的发生。根据工程索赔的实践，判断是否有索赔的权利时，主要依据以下几方面。

（1）此项索赔是否具有合同依据，即工程施工合同文件规定的索赔权是否适用于该类事件，否则可以拒绝这项索赔要求。

（2）索赔报告中引用索赔理由不充分，论证索赔权漏洞较多，缺乏说服力。在这种情况下，可以驳回该项索赔要求。

（3）索赔事项的发生是否因索赔方的责任引起。凡是属于索赔方原因造成的索赔事项，都应予以反驳拒绝，甚至采取反索赔措施。凡是属于双方都有一定责任的情况，则要分清谁是主要责任者，或按各方责任的后果，确定承担责任的比例。

（4）在索赔事项初发时，索赔方是否采取了力所能及的一切措施以防止事态扩大。如确有事实证明索赔方在当时未采取任何措施，则可拒绝索赔方要求的损失补偿。

（5）此项索赔是否属于索赔方承担的合同风险范畴。在工程承包合同中，业主和承包商都承担着风险,凡属于合同风险的内容,可拒绝接受这些索赔要求。

(6)索赔方没有在合同规定的时限内(一般为发生索赔事件后的 28d 内)报送索赔意向通知的,可拒绝接受这类索赔要求。

4. 认真核定索赔款额

在审核确定索赔方具有索赔权的前提下,要对索赔方提出的索赔报告进行详细审核,对索赔款的各个部分逐项审核、查对单据和证明文件,确定哪些不能列入索赔款额,哪些款额偏高,哪些在计算上有错误和重复。通过检查,确定认可的索赔款额。

5. 加强主动控制,减少工程索赔

在工程实施过程中,对可能引起的索赔进行预测,尽量采取一些预防措施,避免索赔发生。

4.3.3 索赔的程序

1. 承包人的索赔

根据《建设工程施工合同》(GF—2017—0201),承包人认为有权得到追加付款和(或)延长工期的,应按以下程序向发包人提出索赔。

(1)承包人应在知道或应当知道索赔事件发生后 28d 内,向监理人递交索赔意向通知书,并说明发生索赔事件的事由;承包人未在前述 28d 内发出索赔意向通知书的,丧失要求追加付款和(或)延长工期的权利。

(2)承包人应在发出索赔意向通知书后 28d 内,向监理人正式递交索赔报告;索赔报告应详细说明索赔理由以及要求追加的付款金额和(或)延长的工期,并附必要的记录和证明材料。

(3)索赔事件具有持续影响的,承包人应按合理时间间隔继续递交延续索赔通知,说明持续影响的实际情况和记录,列出累计的追加付款金额和(或)工期延长天数。

(4)在索赔事件影响结束后 28d 内,承包人应向监理人递交最终索赔报告,说明最终要求索赔的追加付款金额和(或)延长的工期,并附必要的记录和证明材料。

2. 对承包人索赔的处理

对承包人索赔的处理如下。

(1)监理人应在收到索赔报告后 14d 内完成审查,并报送发包人,监理人对索赔报告存在异议的,有权要求承包人提交全部原始记录副本。

(2)发包人应在监理人收到索赔报告或有关索赔的进一步证明材料后的 28d 内,由监理人向承包人出具经发包人签认的索赔处理结果,发包人逾期答复的,则视为认可承包人的索赔要求。

(3)承包人接受索赔处理结果的,索赔款项在当期进度款中进行支付;承包人不接受索赔处理结果的,按照第 20 条〔争议解决〕约定处理。

工程索赔的程序见图 4-3。

3. 发包人的索赔

根据合同约定,发包人认为有权得到赔付金额和(或)延长缺陷责任期的,监理人应向承

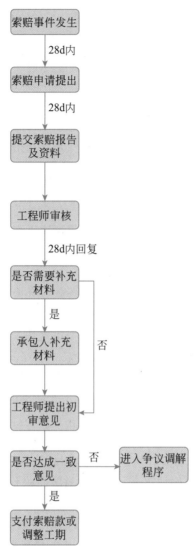

图 4-3 工程索赔的程序

包人发出通知,并附有详细的证明。

发包人应在知道或应当知道索赔事件发生后 28d 内通过监理人向承包人提出索赔意向通知书,发包人未在前述 28d 内发出索赔意向通知书的,丧失要求赔付金额和(或)延长缺陷责任期的权利。发包人应在发出索赔意向通知书后 28d 内,通过监理人向承包人正式递交索赔报告。

4. 对发包人索赔的处理

对发包人索赔的处理如下。

(1)承包人收到发包人提交的索赔报告后,应及时审查索赔报告的内容、查验发包人证明材料。

(2)承包人应在收到索赔报告或有关索赔的进一步证明材料后 28d 内,将索赔处理结果答复发包人,如果承包人未在上述期限内做出答复的,则视为对发包人索赔要求的认可。

（3）承包人接受索赔处理结果的，发包人可从应支付给承包人的合同价款中扣除赔付的金额或延长缺陷责任期；发包人不接受索赔处理结果的，按第20条〔争议解决〕约定处理。

4.3.4　常见的施工索赔

1. 不利的自然条件与人为障碍引起的索赔

不利的自然条件是指施工中遭遇到的实际自然条件比招标文件中所描述得更为困难和恶劣，是一个有经验的承包商无法预测的不利自然条件与人为障碍，导致承包商必须花费更多的时间和费用。在这种情况下，承包商可以向业主提出索赔要求。

1）地质条件变化引起的索赔

一般来说，在招标文件中规定，由业主提供有关该项工程的勘察所取得的水文及地表以下的资料。但在合同中往往写明"承包商在提交投标书之前，已对现场和周围环境及与之有关的可用资料进行了考察和检查，包括地表以下条件及水文和气候条件。承包商应对他自己对上述资料的解释负责"。客观公正地说，此项条款是有损施工单位的合法权利的。因为在合同范围内，施工单位并没有进行独立的地勘的合同义务，其对地质条件的理解，更多的是依赖于工程建设的第三方合同——地勘单位所提供地质资料，而对于地质资料的真实性与完备性，地勘单位应当负责。

因此，在合同条件中还有一条，即在工程施工过程中，承包商如果遇到了现场气候条件以外的外界障碍条件，在其看来这些障碍和条件是一个有经验的承包商无法预料到的，则承包商有提出补偿费用和延长工期的权利。

【例4-3】　某承包商投标一个中型水电站，合同中要求施工方根据已有的资料自行对围堰进行设计和施工，费用为总包。从业主发出招标通知到投标截止日不足1个月，承包方根据初步设计文件资料对围堰进行了设计，围堰总报价77万元。在施工过程中，承包商施工的防渗墙渗水量较大，承包方在已成型的防渗墙上进行补孔补漏、基坑开挖才得以继续进行，但围堰施工成本达到150万元以上。在基坑开挖完成后，承包方发现除河床面存在许多大于$2m^3$的大孤石外，实际河床基岩面高程也比大坝初设图纸标注的高程低2m，承包商以地表以下地质资料存在错误为由要求索赔，补偿围堰施工增加的防渗墙费用和围堰初期渗水严重造成的抽水费用增加共计78万元。业主以招标文件规定"现场资料中所列出的水文、气象、水文地质、水力学数据，不应认为是十分完备的，承包人在使用这些数据时应进行论证复合，不能因资料中数据造成损失减轻承包人的责任"为由不予审核。若在投标时，承包方提出合同条款有矛盾之处，地表以下的资料不是本合同的范围，即不影响投标，也给后期因地表以下资料错误造成影响的索赔提供了保障。如果你是工程师，你会如何处理上述问题？

2) 人为障碍引起的索赔

在施工过程中,往往会因为遇到地下构筑物或文物或地下电缆、管道和各种装置,只要给定的施工合同、图纸中未说明的,而且与工程师共同确定的处理方案导致工程费用的增加,承包商可提出索赔,延长工期和补偿相应费用。

【例 4-4】 某工程项目在基础开挖过程中,发现古墓,承包商及时报告了监理工程师,由于进行考古挖掘,导致承包商停工。挖土工人为 30 人,工日单价为 60 元,挖掘机台班单价为 1000 元。承包商提出以下索赔。

(1) 由于挖掘到古墓,承包商停工 15d,要求业主顺延工期 15d。

(2) 由于停工,使在现场的一台挖掘机闲置,要求业主赔偿费用为 1000 元/台班×15 台班=1.5(万元)。

(3) 由于停工,造成人员窝工损失为 60 元/工日×15 日×30 工=2.7(万元)。

问题:如何处理承包商的各项索赔?

2. 工程变更引起的索赔

在施工过程中,由于现场不可预见的情况,环境的改变,或为了节约成本等,在监理工程师认为必要时,可以对工程或其任何部分的外形、质量或数量进行变更。任何此类变更,承包商均不应以任何方式使合同作废或无效。但如果监理工程师确定的工程变更单价或价格不合理或缺乏说服承包商的依据,则承包商有权就此向业主进行索赔。

3. 工程延期索赔

工程延期索赔的前提是延期的责任在于业主或由于客观影响,而不是承包商的责任。工程延期索赔通常有以下几种情况。

(1) 业主的原因:如未按规定时间向承包商提供施工现场或施工道路;干涉施工进展;大量提出工程变更或额外工程;提前占用已完工的部分建筑物等。

(2) 工程师的原因:如修改设计,不按规定时间向承包商提供图样,图样错误引起的返工等。

(3) 客观原因:有些客观原因是业主和承包商都无力扭转的,如政局动乱、战争、特殊恶劣的气候、瘟疫、不可预见的现场不利自然条件等,根据双方承担的原则,承包商可对非自身承担的风险提出工程延期索赔。

4. 加速施工索赔

业主在决定采取加速施工时,应向承包商发出书面的加速施工指令,并对承包商拟采取的加速施工措施进行审核批准,并明确加速施工费用的支付问题。承包商为加速施工所增加的成本开支,可提出书面的索赔文件,即加速施工索赔。

5. 不可抗力造成的索赔

建设工程施工中不可抗力包括战争、空中飞行物坠落或其他非发包人责任造成的爆炸、火灾以及专用条款约定程度的风、雪、洪水、地震等自然灾害。因不可抗力事件导致延误的工期顺延,费用由双方按以下原则承担。

(1) 工程本身的损害、因工程损害导致第三方人员伤亡和财产损失,以及运至施工场地用于施工的材料和待安装设备的损害,由发包人承担。

(2) 发包人、承包人人员伤亡由其所在单位负责,并承担相应费用。

(3) 承包人机械设备损坏及停工损失,由承包人承担。

(4) 停工期间,承包人应工程师要求留在施工场地的必要管理人员及保卫人员的费用由发包人承担。

(5) 工程所需清理、修复费用,由发包人承担。

【例 4-5】 某工程建设项目,业主与施工单位按《建设工程施工合同(示范文本)》(GF—2017—0201)签订了工程施工合同,工程未投保保险。在工程施工过程中,遭受暴风雨不可抗力的袭击,造成了一定的损失,施工单位及时向监理工程师提出索赔要求,并附有与索赔有关的资料和证据。索赔报告中的基本要求如下。

(1) 遭暴风雨袭击造成的损失不是施工单位的责任,故应由业主承担赔偿责任。

(2) 给已建部分工程造成破坏 18 万元,应由业主承担修复的经济责任,施工单位不承担修复的经济责任。

(3) 施工单位人员因此灾害导致数人受伤,处理伤病医疗费用和补偿金总计 3 万元,业主应给予赔偿。

(4) 建设方聘请的一名顾问受伤,需医疗费用 1 万元。一名在工地避雨的路人由于被大风吹落的物品砸伤,需医疗费用 2000 元,业主应给予赔偿。

(5) 施工单位进场的在用机械、设备受到损坏,造成损失 8 万元,由于现场停工造成台班费损失 4.2 万元,业主应负担赔偿和修复的经济责任。工人窝工费 3.8 万元,业主应予支付。

(6) 准备安装的一台大型空调由于浸水必须修复需 2 万元,业主应予支付。

(7) 暴雨原因使得施工单位设备维修要 5d,造成停工 5d。

(8) 因暴风雨造成现场停工 8d,要求合同工期顺延 8d。

(9) 由于工程破坏,清理现场需费用 2.4 万元,业主应予支付。

(10) 风雨过后,发现基坑积水 3m 多,排水费用 1 万元,排水耽误工期 2 天。业主应支付费用和顺延工期。

问题:

(1) 监理工程师接到施工单位提交的索赔申请后,应进行哪些工作?

(2) 因不可抗力发生的风险承担的原则是什么? 对施工单位提出的要求,应如何处理(请逐条回答)?

6. 业主不正当终止合同引起的索赔

业主不正当终止工程,承包商有权要求补偿损失,其数额是承包商在被终止工程上的人工、材料、机械设备的全部支出以及各项管理费用、贷款利息等,并有权要求赔偿其盈利损失。

7. 业主拖延工程款支付引起的索赔

发包人超过约定的支付时间不支付工程款,双方又未能达成延期付款协议,导致施工无法进行,承包人可停止施工,并有权获得工期的补偿和额外费用补偿。

8. 其他索赔

政策、法规变化,货币汇率变化,物价上涨等原因引起的索赔,属于业主风险,承包商有权要求补偿。

综合以上几种情况,常见的几种施工索赔处理如表 4-1 所示。

表 4-1　索赔处理原则

索 赔 原 因	责任者	处 理 原 则	索赔结果
工程变更	业主、工程师	工期顺延、补偿费用	工期＋费用
施工现场条件变化	业主	工期顺延、补偿费用	工期＋费用
工期延误	业主	工期顺延、补偿费用	工期＋费用
不按期付款	业主	工期顺延、补偿费用	工期＋费用
不可抗力、施工单位机具及临时设施	客观原因	工期顺延、不预补偿	工期
人机窝工、机械故障、措施改进等	施工单位原因	不予补偿	不予补偿

4.3.5　索赔的计算

1. 费用索赔

索赔费用的计算应以赔偿实际损失为原则,包括直接损失和间接损失。索赔费用的计算方法通常有三种,即实际费用法、总费用法和修正的总费用法。

1) 实际费用法

实际费用法又称分项法,即根据索赔事件所造成的损失或成本增加,按费用项目逐项进行分析、计算索赔金额的方法。这种方法比较复杂,但能客观地反映施工单位的实际损失,比较合理,易于被当事人接受,在国际工程中被广泛采用。

2) 总费用法

总费用法也被称为总成本法,就是当发生多次索赔事件后,重新计算工程的实际总费用,再从该实际总费用中减去投标报价时的估算总费用,即为索赔金额。

总费用法计算索赔金额的公式如下:

$$索赔金额＝实际总费用－投标报价估算总费用 \tag{4-1}$$

但是,在总费用法的计算方法中,没有考虑实际总费用中可能包括由于承包商的原因(如施工组织不善)而增加的费用,投标报价估算总费用也可能由于承包人为谋取中标而导致过低的报价,因此,总费用法并不十分科学。只有在难于精确地确定某些索赔事件导致的各项费用增加额时,总费用法才得以采用。

3) 修正的总费用法

修正的总费用法是对总费用法的改进,即在总费用计算的原则上,去掉一些不合理的因素,使其更为合理。修正的内容如下。

(1) 将计算索赔款的时段局限于受到索赔事件影响的时间,而不是整个施工期。

(2) 只计算受到索赔事件影响时段内的某项工作所受影响的损失,而不是计算该时段内所有施工工作所受的损失。

(3) 与该项工作无关的费用不列入总费用中。

(4) 对投标报价费用重新进行核算,即按受影响时段内该项工作的实际单价进行核算,乘以实际完成的该项工作的工程量,得出调整后的报价费用。

按修正后的总费用计算索赔金额的公式如下:

$$索赔金额＝某项工作调整后的实际总费用－该项工作的报价费用 \qquad (4-2)$$

与总费用法相比,修正的总费用法有了实质性的改进,它的准确程度已接近于实际费用法。

2. 工期索赔

1) 工期索赔的概念

工期索赔是指承包人依据合同对由于非自身原因导致的工期延误向发包人提出的工期顺延要求。

2) 共同延误

在实际施工过程中,工期延误很少是只由一方面造成的,往往是多种原因同时发生(或相互作用)而形成的,故称为共同延误。在这种情况下,要具体分析哪一种情况延误是有效的,主要依据以下几个原则。

(1) 首先判断造成延误的哪种原因是最先发生的,即确定"初始延误者",其应对工程延误负责。

(2) 如果"初始延误者"是发包人的原因,则在发包人原因造成的延误期内,承包人可以得到工期延长,又可以得到经济补偿。

(3) 如果"初始延误者"是客观原因,则在客观因素影响的延误期内,承包人可以得到工期延长,但很难得到经济补偿。

(4) 如果"初始延误者"是承包人的原因,则在承包人原因造成的延误期内,承包人既不能得到工期延长,也不能得到经济补偿。

3) 工期索赔的计算

工期索赔的计算需要判断受影响的事件是单个事件还是多个事件。工期索赔的计算主要有直接法、网络图分析法和比例计算法三种。

(1) 直接法:如果某干扰事件直接发生在关键线路上,造成总工期的延误,可以直接将该干扰事件的实际干扰时间作为工期索赔值。

(2) 网络图分析法:利用进度计划的网络图,分析其关键线路。如果延误的工作为关键工作,则总延误的时间为批准顺延的工期;如果延误的工作为非关键工作,当该工作由于延误超过延误时差限制而成为关键工作时,可以批准延误时间与时差的差值;若该项工作延误后仍为非关键工作,则不存在工期索赔问题。

该方法通过分析干扰事件发生前和发生后网络计划的工期之差来计算工期索赔值,可以用于各种干扰事件和多种干扰事件共同作用所引起的工期索赔。

(3)比例计算法:如果某干扰事件仅仅影响某单项工程、单位工程或分部分项工程的工期,要分析其对总工期的影响,可以采用比例计算法分析。

① 已知额外增加工程量时工期索赔的价格,计算方法如下:

$$工期索赔值 = 额外增加的工程量的价格 \div 原合同总价 \times 原合同总工期 \qquad (4\text{-}3)$$

② 已知受干扰部分工程的顺延时间,计算方法如下:

$$工期索赔值 = 受干扰部分工期拖延时间 \times 受干扰部分工程的合同价格 \div 原合同总价 \qquad (4\text{-}4)$$

该方法简单方便,但有时候并不符合实际情况,不适用于变更施工顺序、加速施工、删减工程量等事件的索赔。

【例4-6】 某工程合同总价为500万元,总工期为18个月,现业主指令增加附属工程合同,价格为50万元,试计算承包商应提出的工期索赔值。

【例4-7】 某建设项目业主与承包商签订了工程施工承包合同,根据合同及其附件的有关条文,对索赔有如下规定。

(1)因窝工发生的人工费以70元/工日计算,建设方提前一周通知承包人时,不以窝工处理,以补偿费支付25元/工日。

(2)机械台班费,汽车式起重机600元/台班,蛙式打夯机180元/台班,履带式推土机1100元/台班。因窝工而闲置时,只考虑折旧费,按台班费70%计算。

(3)临时停工一般不补偿管理费和利润。

在施工过程中发生了以下情况。

(1)6月8日至6月21日,施工到第七层时,因业主提供的钢筋未到,使一台汽车式起重机和35名钢筋工停工(业主已于5月30日通知承包人)。

(2)6月10日至6月21日,因场外停电停水使地面基础工作的一台履带式推土机、一台蛙式打夯机和30名工人停工。

(3)6月23日至6月25日,因一台汽车式起重机故障而使在第十层浇捣钢筋混凝土梁的35名钢筋工停工。

承包商及时提出了索赔要求。

问题:

(1)哪些事件可以索赔,哪些事件不可以索赔?说明理由。

(2)合理的索赔金额为多少?

4.4 建设工程价款结算

4.4.1 工程价款结算的主要方式

微课:建设工程
价款结算

1. 工程价款结算的概念

所谓工程价款结算,是指承包商在工程实施过程中,依据承包合同中关于付款条款的规定和已经完成的工程量,并按照规定的程序向建设单位(业主)收取工程价款的一项经济活动。

工程价款结算是工程项目承包中的一项十分重要的工作,主要表现在以下几点。

(1) 工程价款结算是反映工程进度的主要指标。

(2) 工程价款结算是加速资金周转的重要环节。

(3) 工程价款结算是考核经济效益的重要指标。

2. 工程价款的主要结算方式

我国现行工程价款结算根据不同情况,可采取以下几种方式。

(1) 按月结算:实行旬末或月中预支,月中结算,竣工后清理。

(2) 竣工后一次结算:建设项目或单项工程全部建筑安装工程建设期在 12 个月以内,或工程承包合同价在 100 万元以下的,可实行工程价款每月月中预支、竣工后一次结算。

(3) 分段结算:当年开工当年不能竣工的单项工程或单位工程,应按照工程进度划分不同阶段进行结算。分段标准由各部门、省、自治区、直辖市规定。

(4) 双方约定的其他结算方式。

4.4.2 工程价款的主要支付方法

1. 工程预付款

工程预付款是建设项目施工合同订立后由发包方按照合同约定,在正式开工前预先支付给承包方的工程款。它是施工准备和购买所需材料、结构件等流动资金的主要来源,又称为预付备料款。

1) 工程预付款的额度

工程预付款的额度,各地区、各部门的规定不完全相同,主要是保证施工所需材料和构件的正常储备,一般是根据施工工期、建安工作量、主要材料和构件费用占建安工作量的比例以及材料储备周期等因素来确定。一般采用以下两种方式确定。

（1）按式（4-5）计算

$$工程预付款数额 = \frac{工程总价 \times 材料比重（\%）}{年度施工天数} \times 材料储备定额天数 \qquad (4-5)$$

【例 4-8】　某住宅工程，年度计划完成建筑安装工作量 350 万元，年度施工天数为 350d，材料费占造价的比重为 60%，材料储备期为 110d，试确定工程预付款数额。

_____

_____

_____

_____

（2）在合同中约定：一般建筑工程不应超过当年建筑工作量（包括水、电、暖）的 30%，安装工程按年安装工作量的 10%；材料占比重较多的安装工程按年计划产值的 15% 左右拨付。

2）工程预付款的扣回

发包单位拨付给承包单位的预付款属于预支性质。工程实施后，随着工程所需主要材料储备的逐步减少，应以抵充工程价款的方式陆续扣回。扣回的时间称为起扣点，起扣点的计算方法有两种。

（1）按公式计算：可以从未施工工程尚需的主要材料及构件的价值相当于预付款数额时起扣，从每次结算工程价款中，按材料比重扣抵工程价款，竣工前全部扣清。确定起扣点是关键，其基本表达公式是

$$T = P - \frac{M}{N} \qquad (4-6)$$

式中　T——工作量起扣点；

　　　　M——工程预付款（备料款）；

　　　　P——合同总价或年度安装工程量；

　　　　N——主要材料占合同总价的比重。

（2）扣款的方法也可以在承包方完成金额累计达到合同总价的一定比例（双方合同约定）后，由承包方开始向发包方还款，发包方从每次应付给承包方的金额中扣回工程预付款，发包方至少在合同规定的完工期前将工程预付款的总计金额逐次扣回。

应扣工程备料款的数额有分次扣还法、一次扣还法，这里主要介绍分次扣还法，主要原则如下。

当工程款支付未达到起扣点时，每月按照应签证的工程款支付。

当工程款支付达到起扣点后，从应签证的工程款中按材料比重扣回预付备料款。

第一次扣工程预付款：

$$A_1 = (F - T) \times N \qquad (4-7)$$

第二次及以后各次扣还的预付款：

$$A_i = F_i \times N \qquad (4-8)$$

式中　A_i——第 i 次扣还预付款数额；

　　　F——累计支付的价款；

　　　F_i——第 i 个月应支付的价款。

【例 4-9】　某工程承包合同价为 660 万元，预付备料款额度为 20%，主要材料及构配件费用占工程造价的 60%，每月实际完成的工作量及合同价调整额如表 4-2 所示，根据合同规定对材料和设备价差进行调整（按有关规定上半年材料和设备价差上调 10%，在 6 月一次调整），试计算该工程的预付备料款、2—5 月结算工程款及竣工结算工程款。

表 4-2　每月实际完成的工作量及合同价调整额

月　份	2	3	4	5	6
完成工作量/万元	55	110	165	220	110

2. 工程进度款的支付（中间结算）

在施工过程中，施工企业根据合同所约定的结算方式，按月或进度完成的工程数量计算各项费用，向建设单位（业主）办理工程进度款的支付（即中间结算）。

以按月结算为例，业主在月中向施工企业预支半月工程款，月末施工企业根据实际完成工程量，向业主提供已完工程月报表和工程价款结算账单，经业主和工程师确认，收取当月工程价款，并通过银行结算。即承包商提交已完工程量报告→工程师确认→业主审批认可→支付工程进度款。

1）工程量的确认

（1）承包方应按约定时间，向工程师提交已完工程量的报告。

（2）工程师收到承包方报告后 7d 内未进行计量，承包方报告中开列的工程量即视为已被确认，作为工程价款支付的依据。

（3）工程师对承包方超出设计图纸范围和（或）因自身原因造成返工的工程量，不予计量。

2）合同收入的组成

（1）合同中规定的初始收入，即建造承包商与客户在双方签订的合同中最初商定的合同总金额，它构成了合同收入的基本内容。

（2）因合同变更、索赔、奖励等构成的收入，这部分收入并不构成合同双方在签订合同时已在合同中商定的合同总金额，而是在执行合同过程中由于合同变更、索赔、奖励等原因而形成的追加收入。

3）工程进度款支付

工程进度款支付应遵循如下原则，程序如图 4-4 所示。

（1）工程进度款支付时间的确定（工程量确认后 14d 内）。

（2）工程进度款延期支付的要求（支付利息）。

（3）发包方不按合同约定支付工程进度款，双方又未达成延期付款协议，导致施工无法进行，承包方可停止施工，由发包方承担违约责任。

图 4-4　工程进度款的支付流程

3. 安全文明施工费

发包人应在工程开工后的 28d 内预付不低于当年施工进度计划的安全文明施工费总额的 60%，其余部分按照提前的原则进行分解，与进度款同期支付。

发包人没有按时支付安全文明施工费的，承包人可催告发包人支付；发包人在付款期满后的 7d 内仍未支付的，若发生安全事故的，发包人应承担连带责任。

承包人应对安全文明施工费专款专用，在财务账目中单独列项备查，不得挪作他用，否则发包人有权要求其限期改正；逾期未改正的，造成的损失和（或）延误的工期由承包人承担。

4. 质量保证金（工程保修金）

1）质量保证金的概念

建设工程质量保证金（以下简称保证金）是指发包人与承包人在建设工程承包合同中约定，从应付的工程款中预留，用以保证承包人在缺陷责任期内对建设工程出现的缺陷进行维修的资金。

缺陷是指建设工程质量不符合工程建设强制性标准、设计文件，以及承包合同的约定。缺陷责任期一般为 1 年，最长不超过 2 年，由发承包双方在合同中约定。

发包人应按照合同约定方式预留保证金，保证金总预留比例不得高于工程价款结算总额的 3%。合同约定由承包人以银行保函替代预留保证金的，保函金额不得高于工程价款结算总额的 3%。

2）质量保证金的预留

（1）当工程进度款拨付累计额达到该建筑安装工程造价的一定比例时（95%），停止支付，尾款作为保修金。

（2）从第一次支付的工程进度款开始预留，直到保修金总额达到投标书中规定的限额为止，比如保修金每月按进度款的 5% 扣留。

4.4.3　竣工结算

工程竣工结算是指施工企业按照合同规定的内容全部完成所承包的工程，经验收质量合格，并符合合同要求之后，向发包单位进行的最终工程价款结算。结算双方应按照合同价款及合同价款调整内容以及索赔事项，进行工程竣工结算。

1. 工程竣工结算的程序

工程竣工结算的程序如图 4-5 所示。

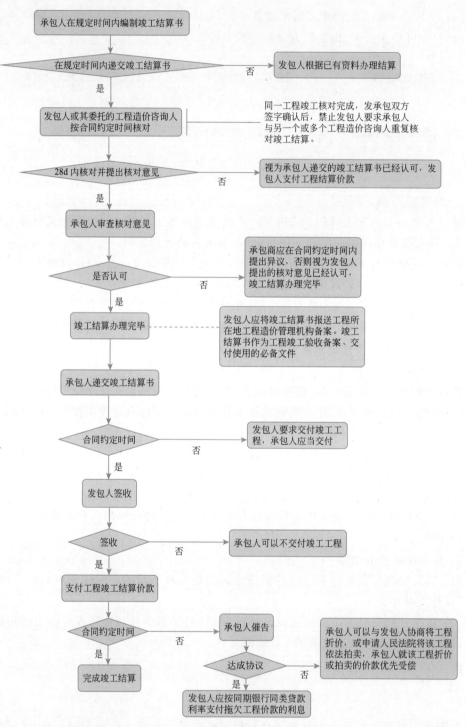

图 4-5　工程竣工结算的程序

2. 竣工价款结算的基本公式

$$竣工结算工程价款＝合同价款＋施工过程中预算或合同价款调整数额$$
$$－预付及已结算工程价款－保修金 \qquad (4-9)$$

【例 4-10】　某施工单位承包某工程项目,甲、乙双方签订的关于工程价款的合同内容如下。

(1) 合同总价 1200 万元,建筑材料及设备费占总价的比重为 60%。

(2) 工程预付款为合同总价的 25%,工程实施后,工程预付款从未施工工程尚需的主要材料及构件的价值相当于预付款数额时起扣,从每次结算工程价款中,按材料比重扣抵工程价款,竣工前全部扣清。

(3) 工程进度款按月计算。

(4) 工程保修金为总价的 3%,工程竣工结算时按 3% 扣留。

(5) 材料和设备价差调整按规定进行(按有关规定材料和设备价差上调 10%,在竣工结算时一次增调)。

工程各月实际完成产值见表 4-3。

表 4-3　某工程每月实际完成产值

月　份	2	3	4	5	6	7
完成产值	150	180	250	250	220	150

问题：
(1) 该工程的预付款及起扣点各为多少?
(2) 该工程 2—6 月份各月拨付工程款为多少?
(3) 7 月份办理工程竣工结算,该工程结算造价为多少? 甲方应付工程结算款为多少?

4.5　投资偏差分析

4.5.1　资金使用计划的编制

1. 施工阶段资金使用计划编制的作用

建筑工程项目周期长、规模大、造价高,施工阶段又是资金投入最直接、效果也最明显的阶段。编制合理的资金使用计划,是该阶段对工程造价控制的基础,对控制工程造价有重要的影响。

(1) 通过编制资金计划,合理地确定工程造价施工阶段目标值,可使工程造价控制有所依据,并为资金的筹集与协调打下基础。有了明确的目标值后,就能将工程实际支出与目标值进行比较,找出偏差,分析原因,采取措施纠正偏差。

(2) 通过资金使用计划,预测未来工程项目的资金使用和进度控制情况,消除不必要的资金浪费。

（3）在建设项目的进行中，通过资金使用计划执行，可以有效地控制工程造价上升，最大限度地节约投资。

2. 资金使用计划编制

1）按建设项目投资构成分解的资金使用计划

工程项目的投资主要分为建筑安装工程投资、设备及工、器具购置投资、工程建设其他投资。由于建筑工程和安装工程在性质和内容上存在着较大差异，因此，在实际操作中，常将建筑工程投资和安装工程投资分解开来。

2）按不同子项目编制资金使用计划

正如绪论中提到的，一个建设项目往往由多个单项工程组成，每个单项工程可能由多个单位工程组成，而单位工程由若干个分部分项工程组成。

对工程项目划分的粗细程度，应根据具体实际需要而定。例如，某项目可按图 4-6 分解目标。

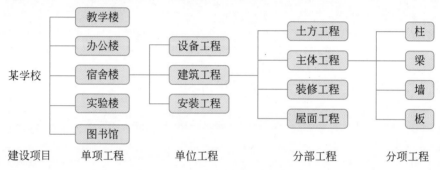

图 4-6　按投资构成分解目标

3）按时间进度编制资金使用计划

建设项目的投资总是分阶段、分期支出的，可按时间进度编制资金使用计划，将总目标按使用时间分解来确定分目标值。按时间进度编制的资金使用计划通常采用横道图、时标网络图、S 形曲线（图 4-7）、香蕉图（图 4-8）等形式。前两种方法将在本书 4.5.2 小节中重点介绍，这里仅介绍后两种方法。

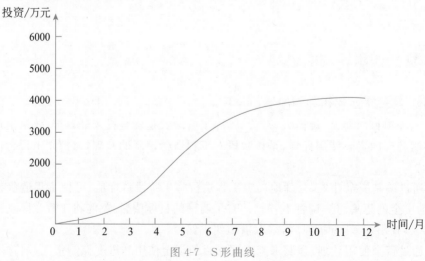

图 4-7　S 形曲线

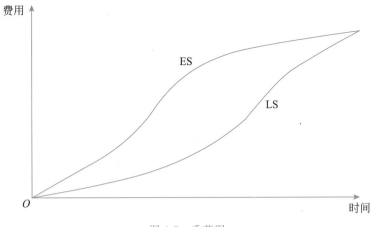

图 4-8 香蕉图

S形曲线,即时间—投资累计曲线。每一条S形曲线都对应某一特定的工程进度计划。因为在进度计划的非关键线路中存在许多有时差的工序或工作,因而S形曲线必然在由全部活动都按最早开始时间(ES)开始和全部活动都按最迟必须开始时间(LS)开始的曲线所组成的"香蕉图"内,如图 4-8 所示。

图 4-8 的"香蕉图"中,右边一条线是所有活动按最迟必须开始时间开始的曲线;左边一条线是所有活动按最早开始时间开始的曲线。建设单位可根据编制的资金使用计划来合理安排资金。同时,建设单位也可以根据筹措的建设资金来调整S形曲线,即通过调整非关键路线上的工序项目的最早或最迟开工时间,力争将实际的造价支出控制在预算的范围内。一般而言,所有活动都按最迟开始时间开始,对节约建设单位的建设资金贷款利息是有利的,同时也降低了项目按期竣工的保证率。因此,必须合理地确定造价支出预算,达到既节约造价支出,又能控制项目工期的目的。

4.5.2 投资偏差分析

在确定了投资控制目标后,为了有效地进行投资控制,工程造价管理人员就必须定期针对投资计划值与实际值进行比较,当实际值偏离计划值时,应分析产生偏差的原因,采取适当的纠偏措施,以使投资超支尽可能小,力求控制目标值的实现。

1. 偏差

在项目实施过程中,由于各种因素的影响,实际情况往往会与计划出现差异。我们把投资的实际值与计划值的差异叫作投资偏差,把实际工程进度与计划工程进度的差异叫作进度偏差。

投资偏差＝已完工程实际投资－已完工程计划投资　　　　(4-10)

进度偏差＝拟完工程计划投资－已完工程计划投资　　　　(4-11)

式中　拟完工程计划投资——按原进度计划工作内容的计划投资。

通俗地讲,拟完工程计划投资是指"计划进度下的计划投资",已完工程计划投资是指"实际进度下的计划投资",已完工程实际投资是指"实际进度下的实际投资"。

进度偏差为"正",表示进度拖延;进度偏差为"负",表示进度提前。投资偏差为"正",表示投资超支;投资偏差为"负",表示投资节约。

【例 4-11】 某挖土方项目,计划完成挖土方工程量 300m³,计划进度 30m³/天,计划投资 15 元/m³,到第 4 天实际完成 140m³,实际投资 2200 元。试分析第 4 天结束后项目的偏差情况。

---

2. 偏差分析

常用的偏差分析方法有横道图法、时标网络图法、表格法和曲线法。

1) 横道图法

横道图法是用不同的横道标识拟完工程计划投资、已完工程实际投资和已完工程计划投资。

【例 4-12】 假设某项目共含有两个子项工程 A 和 B,各自的拟完工程计划投资、已完工程实际投资和已完工程计划投资如表 4-4 所示。

表 4-4 该工程进度计划

分项工程	进度计划/周					
	1	2	3	4	5	6
A	8	8	8			
		6	6	6	6	
		5	5	6	7	
B		9	9	9	9	
		9	9	9	9	9
		11	10	8		8

问题:以上三个投资分别对应图中的哪个线型?分析 A 和 B 的偏差,并完成表 4-5。

表 4-5　该工程投资数据表

周　次	1	2	3	4	5	6
每月拟完工程计划投资						
累计拟完工程计划投资						
每月已完工程实际投资						
累计已完工程实际投资						
每月已完工程计划投资						
累计已完工程计划投资						

2）时标网络图法

时标网络图是在确定施工计划网络的基础上，将施工的实施进度与日历工期相结合而形成的网络图。

根据时标网络图，可以得到每一时间段的拟完工程计划投资，已完工程实际投资可以根据实际工作完成情况测得，在时标网络图上考虑实际进度前锋线，就可以得到每一时间段的已完工程计划投资。

【例 4-13】　某项目的时标网络图如图 4-9 所示，4 月份检查了工程进度，并绘制了前锋线，见图中粗点画线。试分析 4 月份的投资偏差和进度偏差。

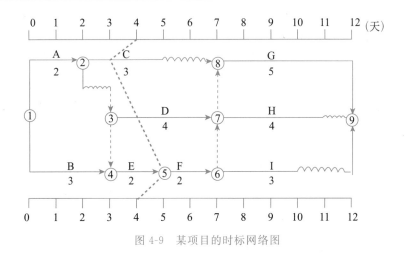

图 4-9　某项目的时标网络图

3）表格法

表格法是根据项目的具体情况、数据来源、投资控制工作的要求等条件来设计表格，可以反映各种偏差变量和指标，全面深入地了解项目投资的实际情况。

某工程进度偏差分析表见表4-6。

表4-6　投资偏差分析表

项 目 编 码	(1)	01	02	03
项目名称	(2)	挖运土方	土方回填	砖基础
单位	(3)	m^3	m^3	m^3
计划单位	(4)	10	20	200
拟完成工程量	(5)	5000	3000	300
拟完工程计划投资	$(6)=(4)\times(5)$	50000	6000	6000
已完工程量	(7)	5500	3200	250
已完工程计划投资	$(8)=(4)\times(7)$	55000	64000	50000
实际单价	(9)	8	20	220
其他款项	(10)			
已完工程实际投资	$(11)=(7)\times(9)+(10)$	4400	64000	55000
投资局部偏差	$(12)=(11)\div(8)$	−11000	0	5000
投资局部偏差程度	$(13)=(11)\div(8)$	−0.20	0	0.10
投资累计偏差	$(14)=\sum(12)$			
投资累计偏差程度	$(15)=\sum(11)\div\sum(8)$			
进度局部偏差	$(16)=(6)-(8)$	−5000	−4000	10000
进度局部偏差程度	$(17)=(6)\div(8)$	0.91	0.94	1.2
进度累计偏差	$(18)=\sum(16)$			
进度累计偏差程度	$(19)=\sum(6)\div\sum(8)$			

4）曲线法

曲线法是用投资时间曲线（S形曲线）进行分析的一种方法，通常有三条曲线，即已完工程实际投资曲线、已完工程计划投资曲线、拟完工程计划投资曲线。如图4-10所示，已完工程实际投资曲线与已完工程计划投资曲线之间的竖向距离表示投资偏差，拟完工程计划投资曲线与已完工程计划投资曲线之间的水平距离表示进度偏差。

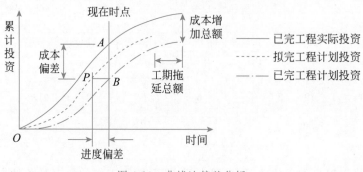

图4-10　曲线法偏差分析

项目小结

本章介绍了建设工程施工阶段工程造价管理的主要内容。

（1）施工阶段影响工程造价的因素及造价管理的主要内容。

（2）合同价款调整的程序及内容。

（3）工程索赔的概念、分类、处理原则、处理程序及相关计算。

（4）工程价款结算的主要方式、方法及计算。

（5）关于投资偏差与进度偏差的几种分析方法。

【学习笔记】

练 一 练

一、单项选择题

1. 根据施工合同示范文本,工程变更价款通常由(　　)提出,报(　　)批准。
　　A. 工程师,业主
　　B. 承包商,业主
　　C. 承包商,工程师
　　D. 业主,承包商

2. 钢门窗安装工程,5月份拟完工程计划投资10万元,已完工程计划投资8万元,已完工程实际投资12万元,则进度偏差为(　　)。
　　A. −2　　　　B. 4　　　　C. 2　　　　D. −4

3. 某分项工程发包方提供的估计工程量为1500m³,合同中规定单价为16元/m³,实际工程量超过估计工程量的10%时,将单价调为15元/m³,实际完成工程量为1800m³,工程款为(　　)元。
　　A. 28650　　B. 27000　　C. 28800　　D. 28500

4. 在建设项目施工阶段,经常会发生工程变更。对于施工中的工程变更指令,通常应该由(　　)发出。
　　A. 项目经理
　　B. 本工程的总设计师
　　C. 现场监理工程师
　　D. 承包商

5. 某工程合同价款为950万元,主要材料款估计为600万元。该工程计划年度施工天数为240d,若材料储备天数50d,则本工程的预付款限额(　　)万元。
　　A. 210.24　　B. 200.14　　C. 125　　D. 197.92

6. 背景资料同上,该工程预付款的起扣点约为(　　)万元。
　　A. 646　　　B. 708　　　C. 637　　　D. 752

7. 某工程的投资偏差为40万元,进度偏差为1周,这表明该工程的(　　)。
　　A. 投资增加,进度拖延
　　B. 投资增加,进度提前
　　C. 投资减少,进度拖延
　　D. 投资减少,进度提前

8. 当索赔事件持续进行时,乙方应(　　)。
　　A. 阶段性提出索赔报告
　　B. 事件终了后,一次性提出索赔报告
　　C. 阶段性提出索赔意向通知,索赔终止后28d内提出最终索赔报告
　　D. 视影响程度,不定期地提出中间索赔报告

9. 下列不属于施工阶段价款调整范围的是(　　)。
　　A. 基本预备费
　　B. 法律法规变化
　　C. 工程变更
　　D. 不可抗力

10. 下列不正确的描述是(　　)。
　　A. 在投标截止日前28d之后发布的法律法规变化是合同调整范围
　　B. 发生在原定竣工时间之后,实际竣工时间之前的法律法规变化,如延期是施工单位导致,则调增的不调,调减的按规定调减
　　C. 发生在原定竣工时间之后,实际竣工时间之前的法律法规变化,如延期是施工单位导致,则变动部分不予调整
　　D. 因变更引起的价格调整应计入最近一期的进度款中支付

二、多项选择题

1. 由于业主原因设计变更,导致工程停工 1 个月,则承包商可索赔的费用有(　　)。

　　A. 利润　　　　　　　　　B. 人工窝工　　　　　　C. 机械设备闲置费

　　D. 增加的现场管理费　　　E. 税金

2. 工程师对承包商提出的变更价款进行审核和处理时,下列说法正确的有(　　)。

　　A. 承包商在工程变更确定后的规定时限内,向工程师提出变更价款报告,经工程师
　　　　确认后调整合同价款

　　B. 承包商在规定时限内不向工程师提出变更价款报告,则视为该项变更不涉及价
　　　　款变更

　　C. 工程师收到变更价款报告,在规定时限内无正当理由不确认,一旦超过时限,该
　　　　价款报告失效

　　D. 工程师不同意承包商提出的变更价款,双方可以和解,或要求工程造价管理部门
　　　　调解

　　E. 工程师确认增加的工程变更价款作为追加合同款,应与工程款同期支付

3. 下列关于工程保修金的扣法正确的是(　　)。

　　A. 累计拨款额达到建安工程造价的一定比例停止支付,预留部分作为保修金

　　B. 在第一次结算工程款中一次扣留

　　C. 在施工前预交保修金

　　D. 在竣工结算时一次扣留

　　E. 从发包方向承包商第一次支付工程款开始,在每次承包商应得的工程款中扣留

4. 关于工程进度款的结算,下面正确的选项是(　　)。

　　A. 发包方应按照承包商的要求支付工程进度款

　　B. 监理工程师可以不通知承包商而自行进行工程量计量

　　C. 因承包商原因造成返工的工程量,监理工程师不予计量

　　D. 承包商的索赔款应与工程进度款同期支付

　　E. 在计量结果确认后 14d 内,发包方应向承包商支付工程进度款

5. 在施工中出现非承包商原因的窝工现象,承包商应向发包人索赔(　　)。

　　A. 台班费　　　　　　　　　　　B. 台班折旧费和设备使用费

　　C. 台班折旧费　　　　　　　　　D. 台班租赁费

　　E. 台班租赁费和设备使用费

三、案例分析题

1. 某工程合同价款总额为 300 万元,施工合同规定预付备料款为合同价款的 25%,主要材料为工程价款的 62.5%,在每月工程款中扣留 5%保修金,每月实际完成工作量如表 4-7 所示。

表 4-7　每月实际完成工作量

月　份	1	2	3	4	5	6
完成工作量/万元	20	50	70	75	60	25

试计算预付备料款及每月结算工程款。

2. 尝试分析本项目开头的项目背景中的索赔案例。

项目 5 　竣工阶段工程造价管理

学习目标

思 政 目 标	知 识 目 标	技 能 目 标
建设项目竣工决算是建设项目竣工交付使用的最后一个环节。作为造价人员,应严格按照相关要求审核有关文件,并核算所有投资费用。对于建设项目保修费,一般按照"谁的责任、由谁负责"的原则处理。同时,树立规则意识、质量意识和安全意识	1. 能说出竣工结算和竣工决算的区别; 2. 能描述新工程缺陷责任期与保修期的区别; 3. 能说出建设工程的保修范围及保修期	1. 能够模拟工程竣工验收的条件和过程; 2. 能够根据工程决算的数据编制工程决算报表

学习内容

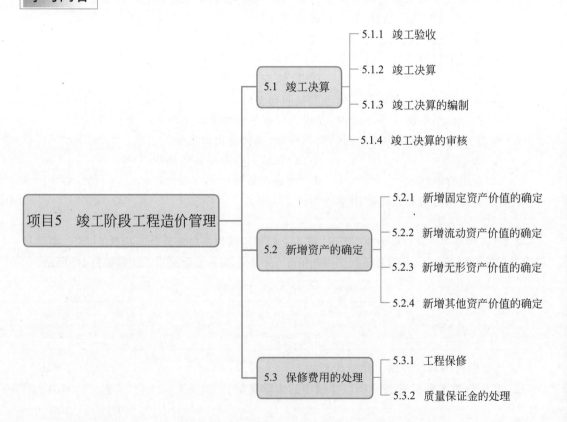

- 项目5　竣工阶段工程造价管理
  - 5.1　竣工决算
    - 5.1.1　竣工验收
    - 5.1.2　竣工决算
    - 5.1.3　竣工决算的编制
    - 5.1.4　竣工决算的审核
  - 5.2　新增资产的确定
    - 5.2.1　新增固定资产价值的确定
    - 5.2.2　新增流动资产价值的确定
    - 5.2.3　新增无形资产价值的确定
    - 5.2.4　新增其他资产价值的确定
  - 5.3　保修费用的处理
    - 5.3.1　工程保修
    - 5.3.2　质量保证金的处理

项目背景

某一大中型建设项目于2014年开工建设,2016年年底有关财务核算资料如下。

(1)已经完成部分单项工程,经验收合格后,已经交付使用的资产包括以下内容。

① 固定资产价值为125000万元。

② 为生产准备的使用期限在1年以内的备品备件、工具、器具等流动资产价值为40000万元,期限在1年以上,单位价值在1500元以上的工具为100万元。

③ 建设期间购置的专利权、专有技术等无形资产为2500万元,摊销期为5年。

(2)基本建设支出的完成项目包括以下内容。

① 建筑安装工程支出为25000万元。

② 设备工器具投资为65000万元。

③ 建设单位管理费、勘察设计费等待摊投资为3600万元。

④ 通过出让方式购置的土地使用权形成的其他投资为150万元。

(3)非经营项目发生的待核销基建支出为95万元。

(4)应收生产单位投资借款为2000万元。

(5)购置需要安装的器材花费80万元,其中待处理器材损失为29万元。

(6)货币资金为810万元。

(7)预付工程款及应收有偿调出器材款为30万元。

(8)建设单位自用的固定资产原值为89750万元,累计折旧为14500万元。

(9)反映在"资金平衡表"上的各类资金来源的期末余额包括以下内容。

① 预算拨款为81000万元。

② 自筹资金拨款为94477万元。

③ 其他拨款为870万元。

④ 建设单位向商业银行借入的借款为160000万元。

⑤ 建设单位当年完成交付生产单位使用的资金价值中,300万元属于利用投资借款形成的待冲基建支出。

⑥ 应付给器材销售商的金额为70万元,贷款和尚未支付的应付工程款为2850万元。

⑦ 未交税金为48万元。

根据上述有关资料,你能编制该项目的竣工财务决算表吗?

5.1　竣　工　决　算

5.1.1　竣工验收

建设项目竣工验收是指由发包方、承包商和项目验收委员会,以项目批准的设计任务书和设计文件,以及国家或部门颁发的施工验收规范和质量检验标准为依据,按照一定的程序和手续,在项目建成并试生产合格后(工业生产性项目),对工程项目的总体进行检验、认证、综合评价和鉴定的活动。

微课:竣工决算
阶段造价管理

1. 竣工验收条件

根据《建设工程质量管理条例》规定,当工程具备以下条件时,建设单位应组织项目验收委员会进行工程竣工验收。

(1) 完成设计和合同约定的各项内容。

(2) 有完整的技术档案和施工管理资料。

(3) 有工程使用的主要建筑材料、建筑构配件和设备的进场试验报告。

(4) 有勘察、设计、施工、工程监理等单位分别签署的质量合格文件。

(5) 发包方已按合同约定支付了工程款。

(6) 有承包商签署的工程质量保修书。

(7) 建设行政主管部门和质量监督部门责令整改的问题(若有)已经全部整改完毕。

(8) 工程项目前期审批手续齐全。

2. 施工单位申请竣工验收程序

(1) 施工单位向监理工程师报送竣工验收申请报告,监理工程师应在收到竣工验收申请报告后 14d 内完成审查,并报送建设单位。监理工程师审查后认为尚不具备竣工验收条件的,应在收到竣工验收申请报告后的 14d 内通知施工单位,指出在颁发接收证书前施工单位还需进行的工作内容。施工单位完成监理工程师通知的全部工作内容后,应再次提交竣工验收申请报告,直至监理工程师同意为止。

(2) 监理工程师同意施工单位提交的竣工验收申请报告的,或监理工程师收到竣工验收申请报告后 14d 内不予答复的,视为建设单位收到并同意施工单位的竣工验收申请,建设单位应在收到该竣工验收申请报告后的 28d 内进行竣工验收。工程经竣工验收合格的,以竣工验收合格之日为实际竣工日期,并在工程接收证书中载明;完成竣工验收,但建设单位不予签发工程接收证书的,视为竣工验收合格,以完成竣工验收之日为实际竣工日期。

(3) 竣工验收不合格的,监理工程师应按照验收意见发出指示,要求施工单位对不合格工程返工、修复或采取其他补救措施,由此增加的费用和(或)延误的工期由施工单位承担。施工单位在完成不合格工程的返工、修复或采取其他补救措施后,应重新提交竣工验收申请报告,并按程序重新进行验收。

(4) 因建设单位原因,未在监理工程师收到施工单位竣工验收申请报告之日起 42d 内完成竣工验收的,以施工单位提交竣工验收申请报告之日作为工程实际竣工日期。

(5) 工程未经竣工验收,建设单位擅自使用的,以转移占有工程之日为实际竣工日期。

5.1.2 竣工决算

1. 竣工决算的概念

建设项目竣工决算是指在建设项目竣工后,建设单位按照国家的有关规定,对新建、改建及扩建的工程建设项目编制的从筹建到竣工投产全过程的全部实际支出费用的竣工决算报告。

2. 竣工决算的作用

(1) 建设项目竣工决算是综合、全面反映竣工项目建设成果及财务情况的总结性文件。

（2）建设项目竣工决算是办理交付使用资产的依据。

（3）通过竣工决算，可以全面清理基本建设财务，做到工完账清，便于及时总结经验，积累各项技术经济资料，考核和分析投资效果，提高工程建设的管理水平和投资效果。

（4）通过竣工决算，有利于进行设计概算、施工图预算和竣工决算的对比，以考核实际投资效果。

3. 竣工决算与竣工结算的区别

建设项目竣工决算是以工程竣工结算为基础编制的，竣工结算是竣工决算的一个组成部分，主要区别见表 5-1。

表 5-1　竣工结算与竣工决算的区别

区　别	工程竣工结算	工程竣工决算
编制对象	单位工程或单项工程	建设项目
编制单位	承包方的预算部门	项目业主的财务部门
性质	工程造价结算	项目财务决算
内容	建设工程项目竣工验收后甲、乙双方办理的最后一次结算，反映的是承包方承包施工的建筑安装工程的全部费用。它最终反映承包方完成的施工产值	建设工程从开始筹建到竣工交付使用为止的全部建设费用，它反映建设工程的投资效益。其内容包括竣工工程平面示意图、竣工财务决算、工程造价比较分析
作用	1. 承包方与业主办理工程价款最终结算的依据； 2. 双方签订的建筑安装工程承包合同终结的凭证； 3. 业主编制竣工决算的主要材料	1. 业主办理交付、验收、动用新增各类资产的依据； 2. 竣工验收报告的重要组成部分

4. 竣工决算的内容

1）竣工财务决算说明书

竣工财务决算说明书是分析工程投资与造价的书面总结，主要内容如下。

（1）项目概况：一般从进度、质量、安全、造价方面进行分析说明。在进度方面，主要说明开工、竣工时间，说明项目建设工期是提前还是延期；在质量方面，主要根据竣工验收小组（委员会）或质量监督部门的验收评定等级、合格率和优良率进行说明；在安全方面，主要根据承包商、监理单位的记录，对有无设备和安全事故进行说明；在造价方面，主要对照概算造价、资金使用计划，说明项目是节约还是超支。

（2）会计账务的处理、财产物资清理及债权债务的清偿情况。

（3）项目建设资金计划及到位情况，财政资金支出预算、投资计划及到位情况。

（4）项目建设资金使用、项目结余资金分配情况。

（5）项目概（预）算执行情况，竣工实际完成投资与概算差异及原因分析。

（6）尾工工程情况。项目一般不得预留尾工工程，确需预留尾工工程的，尾工工程投资不得超过批准的项目概（预）算总投资的 5%。

（7）历次审计、检查、审核、稽查意见及整改落实情况。

（8）主要技术经济指标分析。概算执行情况分析，根据实际投资完成额与概算进行对比分析；新增生产能力的效益分析，说明交付使用财产占总投资额的比例，不增加固定资产的造价占投资总额的比例；项目建设成果分析。

（9）项目管理经验、主要问题和建议。

（10）预备费动用情况说明。

（11）项目建设管理制度执行情况、政府采购情况、合同履行情况说明。

（12）征地拆迁补偿情况、移民安置情况说明。

（13）其他事项说明。

2）竣工财务决算报表

建设项目的竣工财务决算报表包括建设项目概况表、建设项目竣工财务决算表、建设项目资金情况明细表、建设项目交付使用资产总表、建设项目交付使用资产明细表、待摊投资明细表、待核销基建支出明细表、转出投资明细表等。

3）建设工程竣工图

建设工程竣工图是真实记录各种地上、地下建筑物和构筑物情况的技术文件，是工程交工验收、维护和扩建的依据，是国家的重要技术档案。具体要求如下。

（1）凡按图竣工没有变动的，由承包商（包括总包、分包，下同）在原施工图加盖"竣工图"标志后，即作为竣工图。

（2）凡在施工过程中有一般性设计变更，但能将原施工图加以修改补充作为竣工图，可不重新绘制，由承包商负责在原施工图（必须是新蓝图）上注明修改的部分，并附以设计变更通知单和施工说明，加盖"竣工图"标志后，作为竣工图。

（3）凡结构形式改变、施工工艺改变、平面布置改变、项目改变以及有其他重大改变，不宜再在原施工图上修改、补充时，应重新绘制改变后的竣工图。由设计原因造成的，由设计单位负责重新绘制；由施工原因造成的，由承包商负责重新绘图；由其他原因造成的，由发包方自行绘制或委托设计单位绘制。承包商负责在新图上加盖"竣工图"标志，并附以有关记录和说明，作为竣工图。

（4）为了满足竣工验收和竣工决算需要，还应绘制反映竣工工程全部内容的工程设计平面示意图。

（5）对于重大的改建、扩建工程项目，涉及原有的工程项目变更时，应将相关项目的竣工图资料统一整理归档，并在原图案卷内增补必要的说明一起归档。

4）工程造价比较分析

工程造价比较分析的目的是确定竣工项目总造价是节约还是超支，总结先进经验，找出节约和超支的内容和原因，提出改进措施。

工程造价比较分析是通过对比竣工决算表中的实际数据与批准的概算、预算指标值进行的。实际分析时，可先对比整个项目的总概算，然后逐一对比建筑安装工程费，设备及工、器具购置费，工程建设其他和其他费用，主要分析以下内容。

（1）主要实物工程量：对于实物工程量出入比较大的情况，必须查明原因。

（2）主要材料消耗量：可按照竣工决算表中所列明的三大材料实际超概算的消耗量，查明是在工程的哪个环节超出量最大，再进一步查明超耗的原因。

（3）建设单位管理费、措施费和间接费的取费标准：建设单位管理费、措施费和间接费的取费标准要按照国家和各地的有关规定,根据竣工决算报表中所列的费用与概预算所列的费用数额进行比较,查明费用项目是否准确,确定节约超支数额,并查明原因。

5.1.3 竣工决算的编制

1. 编制竣工决算应具备的条件
(1) 经批准的初步设计所确定的工程内容已完成。
(2) 单项工程或建设项目竣工结算已完成。
(3) 收尾工程投资和预留费用不超过规定的比例。
(4) 涉及法律诉讼、工程质量纠纷的事项已处理完毕。
(5) 其他影响工程竣工决算编制的重大问题已解决。

2. 竣工决算编制依据
(1)《基本建设财务规则》(财政部第 81 号令)等法律、法规和规范性文件。
(2) 项目计划任务书及立项批复文件。
(3) 项目总概算书和单项工程概算书文件。
(4) 经批准的设计文件及设计交底、图纸会审资料。
(5) 招标文件和最高投标限价。
(6) 工程合同文件。
(7) 项目竣工结算文件。
(8) 工程签证、工程索赔等合同价款调整文件。
(9) 设备、材料调价文件记录。
(10) 会计核算及财务管理资料。
(11) 其他有关项目管理的文件。

3. 竣工决算编制要求
(1) 按规定及时组织竣工验收,保证竣工决算的及时性。
(2) 积累、整理竣工项目资料,特别是项目的造价资料,保证竣工决算的完整性。
(3) 清理、核对各项账目,保证竣工决算的正确性。
竣工决算应在竣工项目办理验收交付手续后 1 个月内编好,并上报主管部门,有关财务成本部分还应送经办银行审查签证。主管部门和财政部门对报送的竣工决算审批后,建设单位即可办理决算调整,并结束有关工作。

4. 竣工决算编制程序
(1) 收集、整理和分析资料:在编制竣工决算文件之前,要系统地整理所有的技术资料、工程结算文件、施工图纸和各种变更与签证资料,并分析资料的准确性。
(2) 清理项目财务和结余物资:清理建设项目从筹建到竣工投产(或使用)的全部债权和债务,做到工程完毕账目清晰。要核对账目,查点库有实物的数量,做到账与物相等,账与账相符。对结余的各种材料、工器具和设备,要逐项清点核实,妥善管理,并按规定及时处理,收回资金。要及时清理各种往来款项,为编制竣工决算提供准确的数据。
(3) 填写竣工决算报表:按照前面工程决算报表的内容,统计或计算各个项目和数量,并将其结果填到相应表格的栏目内，完成所有报表的填写。

（4）编制竣工决算说明：按照建设工程竣工决算说明的要求编写文字说明。

（5）完成工程造价对比分析。

（6）清理、装订竣工图。

（7）上报主管部门审查。

上述文字说明和表格经核对无误，装订成册，即成为建设项目竣工决算文件。建设项目竣工决算文件应上报主管部门审查，其财务成本部分应送交开户银行签证。竣工决算文件在上报主管部门时，还应抄送有关设计单位。

建设项目竣工决算的文件由建设单位负责组织人员编写。

5.1.4 竣工决算的审核

读者可通过扫描二维码获取具体内容。

5.2 新增资产的确定

建设项目竣工投入运营（或使用）后，所花费的总投资形成了相应的资产。按照财务制度和会计准则，新增资产按资产性质可分为固定资产、流动资产、无形资产和其他资产四大类。

5.2.1 新增固定资产价值的确定

固定资产指企业生产产品提供劳务出租或者经营管理而持有的，使用时间超过12个月的，价值达到一定标准的非货币性资产，包括房屋、建筑物、机器、机械、运输工具以及其他与生产经营活动有关的设备、器具、工具等。

新增固定资产价值是以独立发挥生产能力的单项工程为对象确定的。计算新增固定资产价值时，应注意以下几点。

（1）对于为了提高产品质量、改善劳动条件、节约材料、保护环境而建设的辅助工程，只要全部建成，正式验收交付使用后，就要计入新增固定资产价值。

（2）对于单项工程中不构成生产系统，但能独立发挥效益的非生产性项目，如住宅、食堂、医务所、托儿所、生活服务网点等，在建成并交付使用后，也要计算新增固定资产价值。

（3）凡购置达到固定资产标准不需安装的设备、工具、器具，应在交付使用后计入新增固定资产价值。

（4）属于新增固定资产价值的其他投资，随同受益工程交付使用的，应同时一并计入受益工程。

（5）交付使用财产的成本应按下列内容计算。

① 房屋、建筑物、管道、线路等固定资产的成本包括建筑工程成本和应分摊的待摊投资。

② 动力设备和生产设备等固定资产的成本包括需要安装设备的采购成本、安装工程成

本、设备基础、支柱等建筑工程成本,或砌筑锅炉及各种特殊炉的建筑工程成本、应分摊的待摊投资。

③ 对于运输设备及其他不需要安装的设备、工具、器具、家具等固定资产,一般仅计算采购成本,不计分摊。

(6) 共同费用的分摊方法如下:新增固定资产的其他费用,如果是属于整个建设项目或两个以上单项工程的,在计算新增固定资产价值时,应在各单项工程中按比例分摊。分摊时,什么费用应由什么工程负担,应按具体规定进行。一般情况下,建设单位管理费按建筑工程、安装工程、需安装设备价值总额按比例分摊;而土地征用费、勘察设计费则按建筑工程造价分摊。

5.2.2　新增流动资产价值的确定

流动资产是指可以在1年或者超过1年的营业周期内变现或者耗用的资产,包括现金、银行存款、应收账款及预付账款、短期投资、存货等。

1. 货币性资金

货币性资金是指现金、各种银行存款及其他货币资金。其中,现金是指企业的库存现金,包括企业内部各部门用于周转使用的备用金;各种银行存款是指企业的各种不同类型的银行存款;其他货币资金是指除现金和银行存款以外的其他货币资金。货币性资金根据实际入账价值核定。

2. 应收及预付款项

应收款项是指企业因销售商品、提供劳务等应向购货单位或受益单位收取的款项。预付款项是指企业按照购货合同预付给供货单位的购货定金或部分货款。

应收及预付款项包括应收票据、应收款项、其他应收款、预付货款和待摊费用。一般情况下,应收及预付款项按企业销售商品、产品或提供劳务时的成交金额入账核算。

3. 短期投资

短期投资包括股票、债券、基金。股票和债券根据是否可以上市流通,分别采用市场法和收益法确定其价值。

4. 存货

存货是指企业的库存材料、在产品、产成品、商品等。各种存货应当按照取得时的实际成本计价。存货的形成主要有外购和自制两个途径,外购的存货按照买价加运输费,装卸费,保险费,途中合理损耗,入库加工、整理及挑选费用,缴纳的税金等计价;自制的存货按照制造过程中的各项支出计价。

5.2.3　新增无形资产价值的确定

无形资产是指由特定主体所控制的,不具有实际形态,仅对生产经营长期发挥作用,并能带来经济效益的各种资源,主要有专利权、专有技术、商标权、土地使用权等。

1. 专利权的计价

专利权分为自创和外购两类。自创专利权的价值为开发过程中的实际支出,主要包括专利的研制成本和交易成本。研制成本包括直接成本和间接成本。直接成本是指研制过程中直接投入发生的费用,主要包括材料、工资、专用设备、资料、咨询鉴定、协作、培训和差旅等费用;间接成本是指与研制开发有关的费用,主要包括管理费、非专用设备折旧费、应分摊的公共费用及能源费用。交易成本是指在交易过程中的费用支出,主要包括技术服务费、交易过程中的差旅费及管理费、手续费、税金。由于专利权是具有独占性并能带来超额利润的生产要素,因此专利权的转让价格不按成本估价,而是按照其所能带来的超额收益计价。

2. 专有技术的计价

专有技术(又称非专利技术)的价值是其所具有的使用价值。使用价值是指通过使用专有技术能够产生超额获利,应在分析其直接和间接获利能力的基础上计算其价值。如果非专利技术是自创的,一般不作为无形资产入账,自创过程中发生费用,按当期费用处理。对于外购非专利技术,应由法定评估机构确认后再进行估价,一般采用收益法估价。

3. 商标权的计价

如果商标权是自创的,一般不作为无形资产入账,而将商标设计、制作、注册、广告宣传等发生的费用直接作为销售费用计入当期损益。只有当企业购入或转入商标时,才需要对商标权计价。商标权的计价一般根据被许可方新增的收益确定。

4. 土地使用权的计价

根据取得土地使用权的方式不同,土地使用权可有以下几种计价方式:当建设单位向土地管理部门申请土地使用权,并为之支付一笔出让金时,土地使用权作为无形资产核算;当建设单位获得土地使用权是通过行政划拨的,这时土地使用权就不能作为无形资产核算;在将土地使用权有偿转让、出租、抵押、作价入股和投资,按规定补交土地出让价款时,才作为无形资产核算。

5.2.4 新增其他资产价值的确定

其他资产是指不能全部计入当年损益,应当在以后年度分期摊销的各种费用,包括开办费、租入固定资产改良支出等。

1. 开办费的计价

开办费是指筹建期间建设单位管理费中未计入固定资产的其他各项费用,如建设单位经费,包括筹建期间工作人员工资、办公费、差旅费、印刷费、生产职工培训费、样品样机购置费、农业开荒费、注册登记费等以及不计入固定资产和无形资产购建成本的汇兑损益、利息支出。按照财务制度规定,除了筹建期间不计入资产价值的汇兑净损失,开办费从企业开始生产经营月份的次月起,按照不短于5年的期限平均摊入管理费用中。

2. 租入固定资产改良支出的计价

租入固定资产改良支出是企业从其他单位或个人租入的固定资产,所有权属于出租人,但企业依合同享有使用权。通常双方在协议中规定,租入企业应按照规定的用途使用,并承担对租入固定资产进行修理和改良的责任,即发生的修理和改良支出全部由承租方负担。对租入固定资产的大修理支出,不构成固定资产价值,其会计处理与自有固定资产的大修理支出无区别。对租入固定资产实施改良,因有助于提高固定资产的效用和功能,应当另外确认为一项资产。由于租入固定资产的所有权不属于租入企业,所以租入固定资产改良及大修理支出应当在租赁期内分期平均摊入制造费用或管理费用中。

5.3　保修费用的处理

5.3.1　工程保修

1. 工程保修的原则

在工程移交建设单位后,因施工单位原因产生的质量缺陷,施工单位应承担质量缺陷责任和保修义务。缺陷责任期届满,施工单位仍应按合同约定的工程各部位保修年限承担保修义务。

2. 缺陷责任期与保修期

1)缺陷责任期

缺陷责任期原则上从工程竣工验收合格之日起计算,按照合同约定的缺陷责任期的具体期限,但该期限最长不超过 24 个月。

单位、区段工程应先于全部工程进行验收,经验收合格并交付使用的,该单位、区段工程缺陷责任期自单位、区段工程验收合格之日起算。因建设单位原因导致工程未在合同约定期限进行验收,但工程经验收合格的,以施工单位提交竣工验收报告之日起算;因建设单位原因导致工程未能进行竣工验收的,在施工单位提交竣工验收报告 90d 后,工程自动进入缺陷责任期;建设单位未经竣工验收擅自使用工程的,缺陷责任期自工程转移占有之日起开始计算。

由于施工单位造成某项缺陷或损坏,使某项工程或工程设备不能按原定目标使用,而需要再次检查、检验和修复的,建设单位有权要求施工单位延长该项工程或工程设备的缺陷责任期,并应在原缺陷责任期届满前发出延长通知。但缺陷责任期最长不超过 24 个月。

2)保修期

根据《房屋建筑工程质量保修》和《建设工程质量管理条例》的规定,在正常使用的前提下,对建设工程的最低保修期限包括地基基础工程、主体工程、防水防渗漏工程、供热供冷系统、电气管线、给排水管道、安装、装修工程等给予详细的规定。建设工程的保修期从工程竣工验收合格之日起计算,发包人未经竣工验收擅自使用工程的,保修期从转移占有之日起计算。

(1)地基基础工程和主体结构工程为设计文件规定的工程合理使用年限。

(2)屋面防水工程、有防水要求的卫生间、房间和外墙面的防渗为 5 年。

(3)装修工程为 2 年。

(4)电气管线、给排水管道、设备安装工程为 2 年。

(5)供热与供冷系统为 2 个采暖期、供冷期。

(6)住宅小区内的给排水设施、道路等配套工程为 2 年。

(7)其他项目保修期限约定如下:2 年;苗木成活率 100%,一级养护 2 年。

3. 缺陷调查

1）施工单位缺陷调查

如果建设单位指示施工单位调查任何缺陷的原因，施工单位应在建设单位的指导下进行调查。施工单位应在建设单位指示中说明的日期或与建设单位达成一致的其他日期开展调查。除非该缺陷应由施工单位负责自费进行修补，施工单位有权就调查的成本和利润获得支付。

如果施工单位未能开展调查，该调查可由建设单位开展。但应将上述调查开展的日期通知施工单位，施工单位可自费参加调查。如果该缺陷应由施工单位自费进行修补，则建设单位有权要求施工单位支付建设单位因调查而产生的合理费用。

2）缺陷责任

在缺陷责任期内，对于由施工单位原因造成的缺陷，施工单位应负责维修，并承担鉴定及维修费用。如施工单位不维修，也不承担费用，建设单位可从质量保证金中扣除相关费用，费用超出质量保证金金额的，建设单位可按合同约定向施工单位进行索赔。建设单位在使用过程中，发现已修补的缺陷部位或部件还存在质量缺陷的，施工单位应负责修复，直至检验合格为止。

3）修复费用

建设单位和施工单位应共同查清缺陷或损坏的原因。经查明属于施工单位原因造成缺陷或损坏，应由施工单位承担修复的费用。经查验，缺陷或损坏非施工单位原因造成的，建设单位应承担修复的费用，并支付施工单位合理利润。

4）修复通知

在缺陷责任期内，建设单位在使用过程中，发现已接收的工程存在缺陷或损坏的，应书面通知施工单位予以修复，但情况紧急，必须立即修复缺陷或损坏的，建设单位可以通知施工单位，施工单位应在合理期限内到达工程现场，并修复缺陷或损坏。

5）在现场外修复

在缺陷责任期内，施工单位认为设备中的缺陷或损害不能在现场得到迅速修复，施工单位应当向建设单位发出通知，请求建设单位同意把这些有缺陷或者损害的设备移出现场进行修复，通知应当注明有缺陷或者损害的设备及维修的相关内容，建设单位可要求施工单位按移出设备的全部重置成本增加质量保证金的数额。

6）未能修复

如施工单位造成工程的缺陷或损坏，施工单位拒绝维修，或未能在合理期限内修复缺陷或损坏，且经建设单位书面催告后仍未修复的，建设单位有权自行修复或委托第三方修复，所需费用由施工单位承担。但修复范围超出缺陷或损坏范围的，超出范围部分的修复费用由建设单位承担。

如果工程或工程设备的缺陷或损害使建设单位实质上失去了工程的整体功能，建设单位有权向施工单位追回已支付的工程款项，并要求其赔偿建设单位相应损失。

4. 缺陷修复后的进一步试验

任何一项缺陷修补后的7d内，施工单位应向建设单位发出通知，告知其已修补的情况。适用重新试验的，还应建议重新试验。建设单位应在收到重新试验的通知后14d内答复，逾期未进行答复的，视为同意重新试验。施工单位未建议重新试验的，建设单位也可在缺陷修补后的 14d 内指示进行必要的重新试验,以证明已修复的部分符合合同要求。

所有的重复试验应按照适用于先前试验的条款进行,但应由责任方承担修补工作的成本和重新试验的风险和费用。

5.3.2　质量保证金的处理

1. 质量保证金的含义

根据《建设工程质量保证金管理办法》的规定,建设工程质量保证金是指建设单位与施工单位在建设工程承包合同中约定,从应付的工程款中预留,用以保证施工单位在缺陷责任期内对建设工程出现的缺陷进行维修的资金。

2. 质量保证金的预留

建设单位应按照合同约定方式预留质量保证金,质量保证金总预留比例不得高于工程价款结算总额的 3%。合同约定由施工单位以银行保函替代预留质量保证金的,保函金额不得高于工程价款结算总额的 3%。在工程项目竣工前,已经缴纳履约保证金的,建设单位不得同时预留工程质量保证金。采用工程质量保证担保、工程质量保险等其他方式的,建设单位不得再预留质量保证金。

3. 质量保证金的管理

在缺陷责任期内,实行国库集中支付的政府投资项目,质量保证金的管理按国库集中支付的有关规定执行;其他政府投资项目,质量保证金可以预留在财政部门或发包方。在缺陷责任期内,如发包方被撤销,质量保证金随交付使用资产一并移交使用单位,由使用单位代行建设单位职责。社会投资项目采用预留质量保证金方式的,发包、承包双方可以约定将质量保证金交由金融机构托管。

4. 质量保证金的使用

在缺陷责任期内,由施工单位原因造成的缺陷,施工单位应负责维修,并承担鉴定及维修费用。如施工单位不维修,也不承担费用,建设单位可按合同约定从质量保证金或银行保函中扣除相关费用,费用超出质量保证金额的,建设单位可按合同约定向施工单位进行索赔。施工单位维修并承担相应费用后,不免除对工程的损失赔偿责任。由他人及不可抗力原因造成的缺陷,建设单位负责组织维修,施工单位不承担费用,且建设单位不得从质量保证金中扣除费用。发包、承包双方就缺陷责任有争议时,可以请有资质的单位进行鉴定,责任方应承担鉴定费用,并承担维修费用。

5. 质量保证金的返还

在缺陷责任期内,施工单位应认真履行合同约定的责任,到期后,施工单位向建设单位申请返还质量保证金。

建设单位在接到施工单位返还质量保证金的申请后,应于 14d 内会同施工单位按照合同约定的内容进行核实。如无异议,建设单位应当按照约定将质量保证金返还给施工单位。对返还期限没有约定或者约定不明确的,建设单位应当在核实后 14d 内将质量保证金返还施工单位,逾期未返还的,建设单位依法承担违约责任。建设单位在接到施工单位返还质量保证金申请后 14d 内不予答复,经催告后 14d 内仍不予答复,视同认可施工单位的返还保证金申请。

项目小结

本章介绍了建设工程竣工阶段工程造价管理的主要内容。

（1）工程验收的概念、条件、标准、依据，特殊情况的竣工验收。

（2）工程验收中的工程资料验收、工程内容验收。

（3）工程验收的方式、程序、备案。

（4）工程决算的概念、竣工财务决算说明书、竣工财务决算报表、建设工程竣工图。

（5）工程决算的编制条件、依据、要求、程序，竣工决算的审核。

（6）新增固定资产、流动资产、无形资产、其他资产价值的确定。

（7）缺陷责任期与保修期的概念、期限，质量保证金的处理。

【学习笔记】

练 一 练

一、单项选择题

1. 在大、中型建设项目竣工财务决算表中,属于资金来源的是(　　)。

A. 预付及应收款　　　　　　　　　　B. 待冲基建支出

C. 应收生产单位投资借款　　　　　　D. 拨付所属投资借款

2. 土地征用费和勘察设计费等费用应按(　　)比例分摊。

A. 建筑工程造价

B. 安装工程造价

C. 需安装设备价值

D. 建设单位其他新增固定资产价值可以进行竣工

3. 竣工决算的计量单位是(　　)。

A. 实物数量和货币指标

B. 建设费用和建设成果

C. 固定资产价值、流动资产价值、无形资产价值、递延和其他资产价值

D. 建设工期和各种技术经济指标

4. 某住宅在保修期限及保修范围内,洪水造成了该住宅的质量问题,则其保修费用应由(　　)承担。

A. 施工单位　　　B. 设计单位　　　C. 使用单位　　　D. 建设单位

5. 某建设项目,基建拨款为 3600 万元,项目资本金为 1600 万元,项目资本公积金为160 万元,基建借款为 860 万元,待冲基建支出为 360 万元,基本建设支出为 2600 万元,应收生产单位投资借款为 460 万元,则该项目结余资金为(　　)万元。

A. 3160　　　　　B. 3980　　　　　C. 3520　　　　　D. 6580

6. 建设工程竣工图是工程进行竣工验收、维护改建和扩建的依据,负责在施工图上加盖"竣工图"专用章的单位是(　　)。

A. 设计人　　　　B. 发包人　　　　C. 承包人　　　　D. 监理人

7. 负责组织人员编写建设工程竣工决算文件的责任单位是(　　)。

A. 建设单位　　　B. 监理单位　　　C. 施工单位　　　D. 项目主管部门

8. 关于竣工决算,下列说法正确的是(　　)。

A. 建设项目竣工决算应包括从筹划到竣工投产全过程的直接工程费用

B. 建设项目竣工决算应包括从动工到竣工投产全过程的全部费用

C. 新增固定资产价值的计算应以单项工程为对象

D. 已具备竣工验收条件的项目,如两个月内不办理竣工验收和固定资产移交手续,则视同项目已正式投产

9. 保修费用一般按照建筑安装工程造价和承包工程合同价的一定比例提取,该提取比例是(　　)。

A. 3%　　　　　　B. 5%　　　　　　C. 15%　　　　　D. 20%

10. 下列关于保修责任的承担问题说法,不正确的是(　　)。

A. 设计方面原因造成质量缺陷,由设计单位承担经济责任

  B. 建筑材料等原因造成缺陷的,由承包商承担责任

  C. 因使用不当造成损害的,使用单位负责

  D. 因不可抗力造成损失的,建设单位负责

二、多项选择题

1. 竣工决算由( )等部分组成。

  A. 竣工财务决算说明书 B. 竣工财务决算报表 C. 工程竣工图

  D. 工程竣工造价对比分析 E. 竣工验收报告

2. 在编制竣工决算报表时,下列各项费用中,应列入新增递延资产价值的有( )。

  A. 开办费   B. 项目可行性研究费

  C. 土地征用及迁移补偿费 D. 土地使用权出让金

  E. 以经营租赁方式租入的固定资产改良工程支出

3. 大、中型建设项目竣工决算报表包括( )。

  A. 建设项目交付使用资产明细表

  B. 建设项目概况表

  C. 建设项目竣工财务决算表

  D. 建设项目交付使用资产总表

  E. 建设项目竣工财务决算总表

4. 下列各项在新增固定资产价值计算时应计入新增固定资产价值的是( )。

  A. 在建的附属辅助工程

  B. 单项工程中不构成生产系统,但能独立发挥效益的非生产性项目

  C. 开办费、租入固定资产改良支出费

  D. 凡购置达到固定资产标准不需要安装的工具、器具费用

  E. 属于新增固定资产价值的其他投资

5. 对于新增固定资产的其他费用,一般情况下,建设单位管理费按( )之和按比例分摊。

  A. 建筑工程费用   B. 安装工程费用   C. 工程建设其他费用

  D. 预备费   E. 需安装设备价值总额

6. 关于无形资产的计价,以下说法中正确的是( )。

  A. 购入的无形资产,按实际支付的价款计价

  B. 自创的专利权的价值为开发过程中的实际支出

  C. 自创商标权价值,按照其设计、制作等费用作为无形资产价值

  D. 外购非专利技术可通过收益法进行估价

  E. 无偿划拨的土地使用权通常不能作为无形资产入账

7. 关于竣工决算,下列说法正确的是( )。

  A. 竣工决算是竣工验收报告的重要组成部分

  B. 竣工决算是核定新增固定资产价值的依据

  C. 竣工决算是反映建设项目实际造价和投资效果的文件

  D. 竣工决算在竣工验收之前进行

  E. 竣工决算是考核分析投资效果的依据

8. 竣工决算的费用组成应包括( )。

    A. 建筑安装工程费   B. 设备、工具及器具购置费

    C. 预备费   D. 铺底流动资金

    E. 项目营运费用

9. 因变更需要重新绘制竣工图,下面关于重新绘制竣工图的说法正确的是( )。

    A. 由原设计造成的变更,由设计单位负责重新绘制

    B. 由施工造成的变更,由施工单位负责重新绘制

    C. 由其他造成的变更,由设计单位负责重新绘制

    D. 由其他造成的变更,由建设单位或建设单位委托设计单位负责重新绘制

    E. 由其他造成的变更,由施工单位负责重新绘制

10. 工程造价比较分析的内容有( )。

    A. 主要实物工程量

    B. 主要材料消耗量

    C. 考核间接费的取费标准

    D. 建筑和安装工程其他直接费取费标准

    E. 考核建设单位现场经费取费标准

三、案例分析题

某建设项目及其主要生产车间的有关费用如表 5-2 所示,计算该车间新增固定资产价值。

表 5-2　某建设项目及其主要生产车间的有关费用　　　　　　单位:万元

费 用 类 别	建筑工程费	设备安装费	需安装设备价值	土地征用费
建设项目竣工决算	1000	450	600	50
生产车间竣工决算	250	100	280	

参考文献

[1] 夏清东.工程造价控制[M].北京:清华大学出版社,2018.

[2] 李建峰.工程造价管理[M].北京:机械工业出版社,2017.

[3] 全国造价工程师职业资格考试培训教材编审委员会.建设工程造价案例分析[M].北京:中国城市出版社,2021.

[4] 中国建设工程造价管理协会.建设项目投资估算编审规程(CECA/GC 1—2015)[S].北京:中国计划出版社,2015.

[5] 中国建设工程造价管理协会.建设项目设计概算编审规程(CECA/GC 2—2015)[S].北京:中国计划出版社,2015.

[6] 中国建设工程造价管理协会.建设项目工程结算编审规程(CECA/GC 3—2010)[S].北京:中国计划出版社,2010.

[7] 中国建设工程造价管理协会.建设项目全过程造价咨询规程(CECA/GC 4—2017)[S].北京:中国计划出版社,2017.

[8] 中国建设工程造价管理协会.建设项目施工图预算编审规程(CECA/GC 5—2010)[S].北京:中国计划出版社,2010.